Momenten-Einflußzahlen für Durchlaufträger mit beliebigen Stützweiten

Von

Dr.-Ing. H. Graudenz

Sechste Auflage

Mit 80 Zahlentafeln und 15 Abbildungen

Springer-Verlag Berlin · Heidelberg · New York 1971

ISBN-13: 978-3-540-05398-9   e-ISBN-13: 978-3-642-65186-1
DOI: 10.1007/978-3-642-65186-1

Vorwort

Zu den Hilfsmitteln, die die Lösung häufig vorkommender Aufgaben der Praxis erleichtern sollen, gehören seit langem Tabellen zur vereinfachten Berechnung von Durchlaufträgern. Der Anwendungsbereich der bekannten Tabellenbücher ist verhältnismäßig eng begrenzt: aus der unendlichen Zahl möglicher Stützweitenverhältnisse wurden bestimmte Trägerfälle ausgewählt und die Stützen- und Feldmomente für verschiedene Belastungen berechnet. Die Zusammenfassung der Momentenbeiträge der einzelnen Felder zu je einem Tabellenwert für jedes Moment macht die Anwendung solcher Tafeln zwar sehr bequem, bedingt aber schon bei geringer Abweichung des gegebenen Stützweitenverhältnisses vom Tafelverhältnis erhebliche Ungenauigkeiten und schließt die Berücksichtigung feldweise wechselnder Trägheitsmomente aus. Dem Bedürfnis der Praxis nach einem Tabellenbuch, das in jedem Fall, also auch bei ganz unregelmäßigen Feldteilungen, schnell zu Ergebnissen von ausreichender Genauigkeit führt, tragen die vorliegenden Tafeln Rechnung.

Die Tafeln enthalten Einflußzahlen für die Stützmomente durchlaufender Träger über 2, 3 und 4 Felder mit 496 verschiedenen reduzierten Stützweitenverhältnissen. Die Berechnung der Tafelwerte wurde mit Hilfe des CROSS-Verfahrens durchgeführt. Feldmomente sind nicht in die Tafeln aufgenommen, um die allgemeine Verwendbarkeit und Genauigkeit nicht einzuschränken, da die genaue Berechnung der Feldmomente erst möglich ist, wenn neben dem reduzierten auch das tatsächliche Stützweiten- und das Belastungsverhältnis festliegt.

Zum schnellen Heraussuchen des nächstliegenden Tafelverhältnisses für einen gegebenen Träger dient die systematische Übersicht auf Seite 11 bis 12. Jedes enthaltene Stützweitenverhältnis ist nur einmal aufgeführt, die freigebliebenen Stellen der Übersicht entsprechen solchen Trägerfällen, die rückwärts gelesen schon an anderer Stelle stehen. Formeln zur Berechnung der Belastungswerte sind im Abschnitt 3 wiedergegeben, für gleichmäßig verteilte Belastung sind bereits die Stützenmomente in den Tafeln enthalten.

Duisburg, im Oktober 1956 **H. Graudenz**

In der 5. Auflage wurde das bisherige Zahlenbeispiel 3 (Vierfeldträger, durch Zusammensetzen zweier Dreifeldträger berechnet) durch 2 neue Beispiele ersetzt:

3. Dreifeldträger mit Wechsel-Einzellasten,
4. Fünffeldträger, durch Zusammensetzen zweier Vierfeldträger berechnet.

Ferner wurde die Einleitung ergänzt durch Erläuterung des Rechnungsganges bei am Ende eingespannten Trägern mit gleichmäßig verteilter Belastung.

Duisburg, im Dezember 1965 **H. Graudenz**

In der 6. Auflage wurde Tafel 1 (Zweifeldträger) durch die fünf Trägerfälle 1:1,1, 1:1,3, 1:1,5, 1:1,7, und 1:1,9 ergänzt.
Damit enthalten die Tafeln insgesamt 501 Trägerfälle.

Duisburg, im Februar 1971 **H. Graudenz**

Inhaltsverzeichnis

1. Einleitung

Für die Berechnung von Durchlaufträgern und Rahmen hat in neuerer Zeit das CROSSsche Verfahren immer mehr Anwendung gefunden. Der Gedanke, die Vorzüge dieses Verfahrens auszunutzen, dabei jedoch die Durchführung des Momentenausgleichs zu ersparen, ist der Aufstellung der vorliegenden Zahlentafeln zugrunde gelegt.

Erfahrungsgemäß hat bei der Berechnung statisch unbestimmter Tragwerke eine Änderung der Steifigkeitszahlen nur verhältnismäßig geringen Einfluß auf die Ergebnisse. Bei Abweichungen der vorausgesetzten Steifigkeitsverhältnisse von den vorhandenen bis etwa 20% können die Auswirkungen noch als unbedeutend angesehen werden. Unter dieser Annahme sind die vorliegenden Zahlentafeln für durchlaufende Träger über 2, 3 und 4 Felder aufgestellt. Die Tafeln enthalten für die betreffende Felderzahl sämtliche möglichen Verhältnisse der reduzierten Stützweiten $l' = l\,Ic/I$ von 1:1 bis 1:2 in den Abstufungen 1:1,2, 1:1,4 ... (Zweifeldträger in den Abstufungen 1:1,1, 1:1,2, 1:1,3 ...) sowie für Zwei- und Dreifeldträger die Verhältnisse von 1:2 bis 1:3 in den Abstufungen 1:2,25, 1:2,5 usw. Bei den praktisch vorkommenden Trägern wird in den meisten Fällen der größte Unterschied der reduzierten Stützweiten nicht über das Verhältnis 1:2 hinausgehen, da man bei größeren Feldunterschieden auch die Trägheitsmomente entsprechend abstufen wird. Die Tafeln erfassen also in den angegebenen Grenzen die Gesamtheit der Durchlaufträger und ermöglichen die schnelle und genaue Momentenermittlung bei beliebigen Feldweiten und feldweise beliebig wechselnden Trägheitsmomenten.

Jeder in den Tafeln enthaltene Trägerfall wird gekennzeichnet durch das Verhältnis der reduzierten Stützweiten, z. B. $l'_1:l'_2:l'_3:l'_4 = 1,4:1:1,8:1,2$. Im Falle gleichen Trägheitsmoments in allen Feldern ist dieses das Verhältnis der Feldweiten. Wie beim CROSSschen Verfahren müssen zunächst die Belastungswerte, d.h. die Einspannmomente in den einzelnen Feldern unter der gegebenen Belastung ermittelt werden. Die Multiplikation dieser Belastungswerte mit den Einflußzahlen der Tafeln liefert sofort die Stützenmomente des Trägers. Um die Rechenarbeit für den am häufigsten vorkommenden Fall der gleichmäßig verteilten Belastung noch weiter zu verringern, sind ferner die Momentenbeiträge aus Gleichstreckenlast der einzelnen Felder angegeben, so daß in diesem Fall die Ermittlung der Belastungswerte entfällt.

Damit ergibt sich die Anwendung der Tafeln wie folgt: Es sei z. B. ein Vierfeldträger zu berechnen mit

$$l_1 = 5,3 \text{ m} \quad l_2 = 12,5 \text{ m} \quad l_3 = 9,7 \text{ m} \quad l_4 = 7,5 \text{ m}$$

$$I_1/I_c = 1,6 \quad I_2/I_c = 2,4 \quad I_3/I_c = 2,1 \quad I_4/I_c = 1,7.$$

Die reduzierten Stützweiten $l\,I_c/I$ sind

$$l'_1 = 3,3 \quad l'_2 = 5,2 \quad l'_3 = 4,6 \quad l'_4 = 4,4.$$

Wird der kleinste Wert gleich 1 gesetzt, so ist

$$l'_1:l'_2:l'_3:l'_4 = 1:1,58:1,39:1,33.$$

Abb. 1

An Hand der Übersicht sucht man nun den Fall heraus, der dem vorhandenen Verhältnis der reduzierten Stützweiten am nächsten kommt, hier $1:1,6:1,4:1,4$.

Man bestimmt die Belastungswerte

M_{ba} = Einspannmoment des bei a freiaufliegenden, bei b starr eingespannten Trägers $a \ldots b$ unter der gegebenen Belastung,

M_{bc} = Einspannmoment des beiderseitig eingespannten Trägers $b \ldots c$ bei b,

M_{cb} = Einspannmoment des beiderseitig eingespannten Trägers $b \ldots c$ bei c, usw.

Für die wichtigsten Belastungsfälle auf S. 9 die Formeln für die Einspannmomente wiedergegeben. Die Formeln sind dem Buch von JOHANNSON „Das CROSS-Verfahren" entnommen, das noch weitere Belastungsfälle enthält[1]. Bei der Ermittlung von *Einflußlinien* werden als Belastungswerte die Einflußordinaten für die Einspannmomente benötigt. Diese sind, entnommen aus ANGER, „Zehnteilige Einflußlinien für durchlaufende Träger", auf S. 10 wiedergegeben. Erwähnt sei noch die bei jedem Belastungsfall geltende Beziehung zwischen dem Einspannmoment M_{ba} des bei a freiaufliegenden Trägers und den Einspannmomenten M'_{ab} und M'_{ba} des beiderseitig eingespannten Trägers $a \ldots b$:

$$M_{ba} = M'_{ba} + \frac{1}{2} M'_{ab} \cdot$$

Man bildet nun an jeder Stütze die Differenz der beiden Einspannmomente und erhält durch Multiplikation mit den Tafelwerten und Addition die Stützenmomente. Im Fall $1:1,6:1,4:1,4$ ist z.B. nach Tafel 32

$$M_b = M_{ba}$$
$$- 0{,}579 \ (M_{ba} - M_{bc})$$
$$+ 0{,}146 \ (M_{cb} - M_{cd})$$
$$- 0{,}042 \ (M_{dc} - M_{de})$$

Alle Momente sind mit ihren Vorzeichen einzusetzen, wobei die übliche Regel gilt: positive Momente erzeugen Zug an der Unterseite, negative Momente Zug an der Oberseite des Balkens.

Bei gleichmäßig verteilter Belastung ist im vorliegenden Fall

$$M_b = - 0{,}0526 \ q_1 \ l_1^2$$
$$- 0{,}0605 \ q_2 \ l_2^2$$
$$+ 0{,}0157 \ q_3 \ l_3^2$$
$$- 0{,}0053 \ q_4 \ l_4^2$$

Das größte Feldmoment ergibt sich bei gleichmäßig verteilter Belastung in bekannter Weise zu

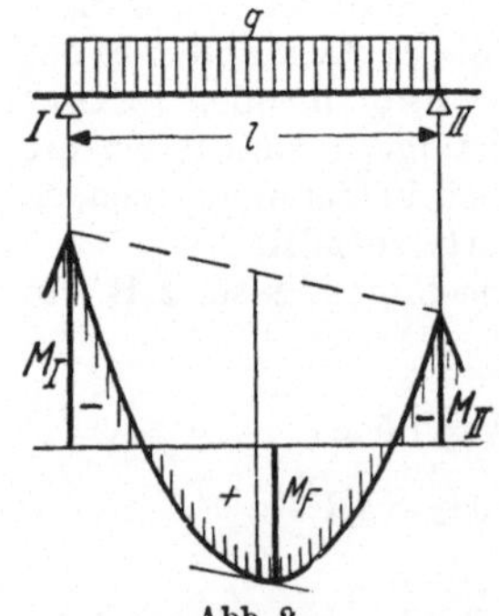

Abb. 2

$$M_F = M_I + \left(q \frac{l}{2} + \frac{M_{II} - M_I}{l} \right)^2 \cdot \frac{1}{2q} \cdot$$

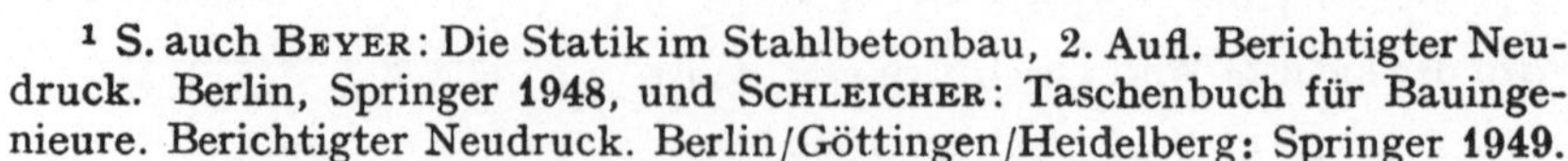

---

[1] S. auch BEYER: Die Statik im Stahlbetonbau, 2. Aufl. Berichtigter Neudruck. Berlin, Springer 1948, und SCHLEICHER: Taschenbuch für Bauingenieure. Berichtigter Neudruck. Berlin/Göttingen/Heidelberg: Springer 1949.

Ist der durchlaufende Träger *am Ende eingespannt*, so muß bei Ermittlung des Stützweitenverhältnisses die Stützweite des Endfeldes nur mit $^3/_4$ ihrer Größe eingesetzt werden, also $l'_1 = 0{,}75\, l_1\, I_c/I_1$. Das Einspannmoment M_{ba} ist in diesem Fall für beiderseitige Einspannung des Trägers $a \ldots b$ zu bestimmen, und das endgültige Einspannmoment bei a erhält man aus

$$M_a = M_{ab} + \frac{M_{ba}}{2} - \frac{M_b}{2}\,.$$

Werden die Tafelwerte für *gleichmäßig verteilte* Belastung auf Träger mit *Endeinspannung* angewendet, so müssen die Momentenbeiträge aus dem eingespannten Feld mit $^2/_3$ multipliziert werden. Zum Beispiel:

Vierfeldträger mit $l_1 = 5{,}0$ m, $l_2 = 4{,}3$ m, $l_3 = 6{,}0$ m, $l_4 = 6{,}4$ m, am Endauflager e eingespannt, $l'_4 = 0{,}75 \cdot 6{,}4 = 4{,}8$ m, Trägheitsmomente in allen Feldern gleich,

$$l'_1 : l'_2 : l'_3 : l'_4 = 1{,}16 : 1 : 1{,}40 : 1{,}12,$$

nächstes Tafelverhältnis $1{,}2 : 1 : 1{,}4 : 1{,}2$, Tafel 61.

$$M_b = -0{,}0717\, q_1\, l_1^2 \qquad M_c = +0{,}0162\, q_1\, l_1^2 \qquad M_d = -0{,}0045\, q_1\, l_1^2$$
$$\ -0{,}0465\, q_2\, l_2^2 \qquad\ -0{,}0459\, q_2\, l_2^2 \qquad\ +0{,}0125\, q_2\, l_2^2$$
$$\ +0{,}0139\, q_3\, l_3^2 \qquad\ -0{,}0610\, q_3\, l_3^2 \qquad\ -0{,}0508\, q_3\, l_3^2$$
$$\ -0{,}0044\, q_4\, l_4^2 \cdot \frac{2}{3} \qquad\ +0{,}0193\, q_4\, l_4^2 \cdot \frac{2}{3} \qquad\ -0{,}0630\, q_4\, l_4^2 \cdot \frac{2}{3}$$

$$M_e = M_{ed} + \frac{M_{de}}{2} - \frac{M_d}{2}\,.$$

Vgl. hierzu auch das Zahlenbeispiel 4, Träger I.

Bei einem Durchlaufträger mit *Kragarm* am Ende ist als Belastungswert $M_{ba} = -M_a/2$ einzusetzen. Da M_a negativ ist, ergibt sich in diesem Fall ein positives Einspannmoment M_{ba}.

Die Benutzung der Tafelwerte führt auch bei Durchlaufträgern über *mehr* als *4 Felder* mit geringem Rechenaufwand zu genauen Ergebnissen. Es werden dabei zweckmäßig die ersten 4 Felder als Durchlaufträger mit starrer Einspannung an der letzten Stütze behandelt und dann ein zweiter Vierfeldträger berechnet, der die weiteren Felder einschließt. Die bereits bei dem ersten Träger berücksichtigten Belastungen

Abb. 3

entfallen bei dem zweiten Träger, aber das Einspannmoment des ersten Trägers ist als Belastungswert an der betreffenden Stütze des zweiten Trägers einzusetzen. Durch Addition der entsprechenden Momente beider Träger erhält man die endgültigen Stützenmomente.

In entsprechender Weise kann man stets die Momente eines Trägers, dessen Stützenweitenverhältnis die Tafeln nicht enthalten, aus den Momenten solcher Träger zusammensetzen, die sich mit Hilfe der Tafeln berechnen lassen. Unter den nachfolgenden Beispielen ist die Berechnung eines Fünffeldträgers in dieser Weise durchgeführt.

2. Zahlenbeispiele

1. Der in der Einleitung als Beispiel gewählte Vierfeldträger mit den Stützweiten $l_1 = 5,3$ m, $l_2 = 12,5$ m, $l_3 = 9,7$ m, $l_4 = 7,5$ m und dem Steifigkeitsverhältnis $l_1' : l_2' : l_3' : l_4' = 1 : 1,6 : 1,4 : 1,4$ erhält die gleichmäßig verteilte Belastung $g + p = 2,0 + 3,0 = 5,0\ t/m$. Die Größtwerte der Stützen- und Feldmomente sind zu bestimmen.

Tafelwerte nach Tafel 32

M_b		$g = 2,0$	$p = 3,0$	
Feld	1. $-\,0,0526 \cdot 5,3^2$	$-\,2,96$	$-\,4,44$	
	2. $-\,0,0605 \cdot 12,5^2$	$-\,18,90$	$-\,28,35$	
	3. $+\,0,0157 \cdot 9,7^2$	$+\,2,96$	$+\,4,44$	
	4. $-\,0,0053 \cdot 7,5^2$	$-\,0,60$	$-\,0,89$	
Belastungsfälle min M_b		$-\,19,50$	1, 2, 4 $-\,33,68$	$=\,-\,53,2$
max M_1		$-\,19,50$	1, 3 0	$=\,-\,19,5$
max M_2		$-\,19,50$	2, 4 $-\,29,24$	$=\,-\,48,7$

M_c		$g = 2,0$	$p = 3,0$	
Feld	1. $+\,0,0149 \cdot 5,3^2$	$+\,0,84$	$+\,1,25$	
	2. $-\,0,0537 \cdot 12,5^2$	$-\,16,78$	$-\,25,17$	
	3. $-\,0,0508 \cdot 9,7^2$	$-\,9,56$	$-\,14,34$	
	4. $+\,0,0170 \cdot 7,5^2$	$+\,1,91$	$+\,2,87$	
Belastungsfälle min M_c		$-\,23,59$	2, 3 $-\,39,51$	$=\,-\,63,1$
max M_3		$-\,23,59$	1, 3 $-\,13,09$	$=\,-\,36,7$
max M_2		$-\,23,59$	2, 4 $-\,22,30$	$=\,-\,45,9$

M_d		$g = 2,0$	$p = 3,0$	
Feld	1. $-\,0,0038 \cdot 5,3^2$	$-\,0,21$	$-\,0,32$	
	2. $+\,0,0135 \cdot 12,5^2$	$+\,4,22$	$+\,6,32$	
	3. $-\,0,0498 \cdot 9,7^2$	$-\,9,37$	$-\,14,05$	
	4. $-\,0,0668 \cdot 7,5^2$	$-\,7,52$	$-\,11,27$	
Belastungsfälle min M_d		$-\,12,88$	1, 3, 4 $-\,25,64$	$=\,-\,38,5$
max M_3		$-\,12,88$	1, 3 $-\,14,37$	$=\,-\,27,3$
max M_4		$-\,12,88$	2, 4 $-\,4,95$	$=\,-\,17,8$

min M_b

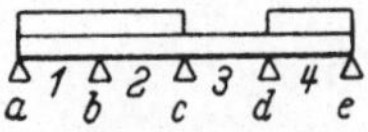

Abb. 4

min M_c

Abb. 5

min M_d

Abb. 6

max $M_{1,3}$

Abb. 7

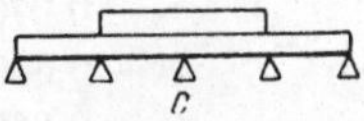

max $M_{2,4}$

Abb. 8

$$\min M_b = -53{,}2 \; tm$$

$$\min M_c = -63{,}1 \; tm$$

$$\min M_d = -38{,}5 \; tm$$

$$M_b = -19{,}5, \quad M_c = -36{,}7, \quad M_d = -27{,}3 \; tm$$

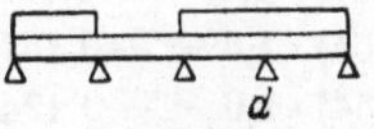

$$\max M_1 = \left(5{,}0 \cdot \frac{5{,}3}{2} - \frac{19{,}5}{5{,}3}\right)^2 \cdot \frac{1}{2 \cdot 5{,}0} = +9{,}2 \; tm$$

$$\max M_3 = -36{,}7 + \left(5{,}0 \cdot \frac{9{,}7}{2} + \frac{-27{,}3 + 36{,}7}{9{,}7}\right)^2 \cdot \frac{1}{2 \cdot 5{,}0}$$

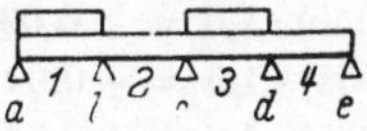

$$= -36{,}7 + 63{,}7 = +27{,}0 \; tm$$

$$M_b = -48{,}7, \quad M_c = -45{,}9, \quad M_d = -17{,}8 \; tm$$

$$\max M_2 = -48{,}7 + \left(5{,}0 \cdot \frac{12{,}5}{2} + \frac{-45{,}9 + 48{,}7}{12{,}5}\right)^2 \cdot \frac{1}{2 \cdot 5{,}0}$$

$$= -48{,}7 + 99{,}2 = +50{,}5 \; tm$$

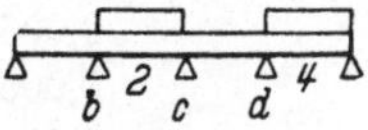

$$\max M_4 = \left(5{,}0 \cdot \frac{7{,}5}{2} - \frac{17{,}8}{7{,}5}\right)^2 \cdot \frac{1}{2 \cdot 5{,}0} = +26{,}8 \; tm$$

2. Gegeben ist ein Vierfeldträger mit dem Stützweitenverhältnis $l_1:l_2:l_3:l_4$ = 1:1,6:1,6:1,333. Das Trägheitsmoment ist in allen Feldern gleich. Am Endauflager ist der Träger starr eingespannt. Die Einflußlinie für das Stützenmoment M_b ist zu berechnen.

Wegen der starren Einspannung ist

$$l_4' = \frac{3}{4} \cdot 1{,}333 = 1 \text{ zu setzen, also}$$

$$l_1' : l_2' : l_3' : l_4' = 1 : 1{,}6 : 1{,}6 : 1.$$

Abb. 9

Tafelwerte nach Tafel 38, Einspannmomente nach S. 10

Feld	$\dfrac{x}{l}$	M_b (Faktor l_1)	
1	0,2	$- 0{,}0960\ (1 - 0{,}580)$	$= - 0{,}0403$
	0,4	$- 0{,}1680\ (1 - 0{,}580)$	$= - 0{,}0705$
	0,6	$- 0{,}1920\ (1 - 0{,}580)$	$= - 0{,}0806$
	0,8	$- 0{,}1440\ (1 - 0{,}580)$	$= - 0{,}0604$
2	0,2	$- (0{,}1280 \cdot 0{,}580 + 0{,}0320 \cdot 0{,}154) \cdot 1{,}6$	$= - 0{,}1268$
	0,4	$- (0{,}1440 \cdot 0{,}580 + 0{,}0960 \cdot 0{,}154) \cdot 1{,}6$	$= - 0{,}1574$
	0,6	$- (0{,}0960 \cdot 0{,}580 + 0{,}1440 \cdot 0{,}154) \cdot 1{,}6$	$= - 0{,}1246$
	0,8	$- (0{,}0320 \cdot 0{,}580 + 0{,}1280 \cdot 0{,}154) \cdot 1{,}6$	$= - 0{,}0612$
3	0,2	$+ (0{,}1280 \cdot 0{,}154 + 0{,}0320 \cdot 0{,}035) \cdot 1{,}6$	$= + 0{,}0333$
	0,4	$+ (0{,}1440 \cdot 0{,}154 + 0{,}0960 \cdot 0{,}035) \cdot 1{,}6$	$= + 0{,}0408$
	0,6	$+ (0{,}0960 \cdot 0{,}154 + 0{,}1440 \cdot 0{,}035) \cdot 1{,}6$	$= + 0{,}0317$
	0,8	$+ (0{,}0320 \cdot 0{,}154 + 0{,}1280 \cdot 0{,}035) \cdot 1{,}6$	$= + 0{,}0150$
4	0,2	$- 0{,}1280 \cdot 0{,}035 \cdot 1{,}333$	$= - 0{,}0060$
	0,4	$- 0{,}1440 \cdot 0{,}035 \cdot 1{,}333$	$= - 0{,}0067$
	0,6	$- 0{,}0960 \cdot 0{,}035 \cdot 1{,}333$	$= - 0{,}0045$
	0,8	$- 0{,}0320 \cdot 0{,}035 \cdot 1{,}333$	$= - 0{,}0015$

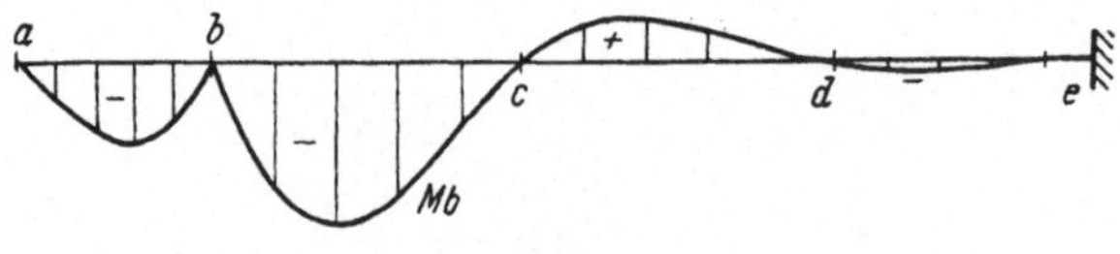

Abb. 10

3. Die größten Stützen- und Feldmomente des nebenstehend abgebildeten Dreifeldträgers sind zu berechnen.

Ständige Lasten:

$G_1 = 2,1$ t, $G_2 = 3,8$ t, $G_3 = 3,3$ t,

Verkehrslasten:

$P_1 = 4,5$ t, $P_2 = 8,0$ t, $P_3 = 6,4$ t.

Abb. 11

Das Trägheitsmoment ist in allen Feldern gleich.

Stützweitenverhältnis: $l_1 : l_2 : l_3 = 1 : 1,68 : 1,20$,

nächstliegendes Tafelverhältnis: $1 : 1,6 : 1,2$, Tafel 5.

Belastungswerte (tm)

	$\begin{matrix} G_1 = 2,1\,t \\ G_2 = 3,8\,t \\ G_3 = 3,3\,t \end{matrix}$	$P_1 = 4,5$ t	$P_2 = 8,0$ t	$P_3 = 6,4$ t
$M_{ba} = -\dfrac{3}{16} \cdot 5,0\,P_1 = -0,938\,P_1$	$-1,97$	$-4,22$	0	0
$M_{bc} = -\dfrac{2,8 \cdot 5,6^2}{8,4^2}\,P_2 = -1,243\,P_2$	$-4,72$	0	$-9,94$	0
$M_{cb} = -\dfrac{2,8^2 \cdot 5,6}{8,4^2}\,P_2 = -0,622\,P_2$	$-2,36$	0	$-4,97$	0
$M_{cd} = -\dfrac{3}{16}\,6,0\,P_3 = -1,123\,P_3$	$-3,70$	0	0	$-7,20$
$M_{ba} - M_{bc}$	$+2,75$	$-4,22$	$+9,94$	0
$M_{cb} - M_{cd}$	$+1,34$	0	$-4,97$	$+7,20$

Stützenmomente infolge $G_{1,2,3}$, P_1, P_2, P_3

M_b	$G_{1,2,3}$	P_1	P_2	P_3	M_c	$G_{1,2,3}$	P_1	P_2	P_3
$M_{ba} - M_{bc}$	$+2,75$	$-4,22$	$+9,94$	0	$M_{ba} - M_{bc}$	$+2,75$	$-4,22$	$+9,94$	0
$M_{cb} - M_{cd}$	$+1,34$	0	$-4,97$	$+7,20$	$M_{cb} - M_{cd}$	$+1,34$	0	$-4,97$	$+7,20$
M_{ba}	$-1,97$	$-4,22$	0	0	M_{cb}	$-2,36$	0	$-4,97$	0
$-0,578 \times (M_{ba} - M_{bc})$	$-1,59$	$+2,44$	$-5,75$	0	$-0,120 \times (M_{ba} - M_{bc})$	$-0,33$	$+0,51$	$-1,19$	0
$+0,145 \times (M_{cb} - M_{cd})$	$+0,19$	0	$-0,72$	$+1,04$	$-0,470 \times (M_{cb} - M_{cd})$	$-0,63$	0	$+2,33$	$-3,38$
$M_b =$	$-3,37$	$-1,78$	$-6,47$	$+1,04$	$M_c =$	$-3,32$	$+0,51$	$-3,83$	$-3,38$

Stützenmomente für Belastungsfälle min M_b, M_c, max M_1, M_2, M_3

M_b	$G_{1,2,3}$ $-3,37$	P_1 $-1,78$	P_2 $-6,47$	P_3 $+1,04$	M_b tm	M_c	$G_{1,2,3}$ $-3,32$	P_1 $+0,51$	P_2 $-3,83$	P_3 $-3,38$	M_c tm
min M_b	$-3,37$	$-1,78$	$-6,47$		$-11,62$	min M_c	$-3,32$		$-3,83$	$-3,38$	$-10,53$
max M_1	$-3,37$	$-1,78$		$+1,04$	$-4,11$	max M_2	$-3,32$		$-3,83$		$-7,15$
max M_2	$-3,37$		$-6,47$		$-9,84$	max M_3	$-3,32$	$+0,51$		$-3,38$	$-6,19$

Größte Momente: min $M_b = -11,62$ tm, min $M_c = -10,53$ tm,

$$\max M_1 = 6,6 \cdot \frac{5,0}{4} - \frac{4,11}{2} = 8,25 - 2,05 = 6,20 \text{ tm},$$

$$\max M_2 = 11,8 \cdot \frac{2,8 \cdot 5,6}{8,4} - 7,15 - (9,84 - 7,15) \cdot \frac{5,6}{8,4} = 22,00 - 7,15 - 1,80$$
$$= 13,05 \text{ tm},$$

$$\max M_3 = 9,7 \cdot \frac{6,0}{4} - \frac{6,19}{2} = 14,55 - 3,09 = 11,46 \text{ tm}.$$

4. Die Stützenmomente des nebenstehend abgebildeten Fünffeldträgers sind zu berechnen: Belastung $q_{1,2} = 3,5$ t/m, $q_{3,4,5} = 4,0$ t/m.

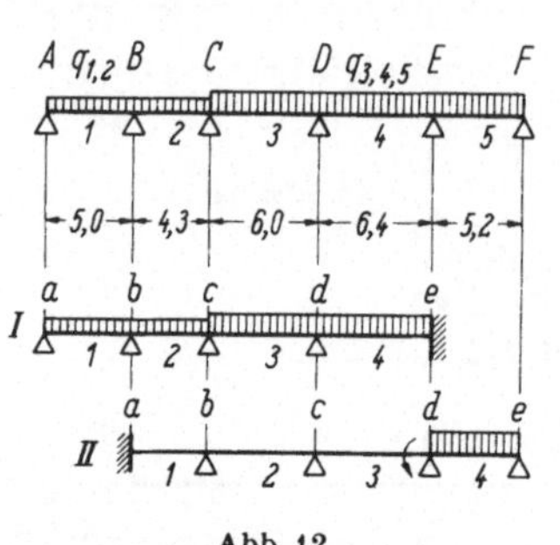

Abb. 12

Trägheitsmoment in allen Feldern gleich.

Berechnung durch Zusammensetzen zweier Vierfeldträger:

Träger I: $l_4' = 0,75 · 6,4 = 4,8$ m, Stützweitenverhältnis

      1,16:1:1,40:1,12,

nächstes Tafelverhältnis

      1,2:1:1,4:1,2, Tafel 61.

Träger II: $l_1' = 0,75 · 4,3 = 3,22$ m. Stützweitenverhältnis

      1:1,86:1,99:1,62,

nächstes Tafelverhältnis

      1:1,8:2:1,6, Tafel 51.

In der nachfolgenden Tabelle werden zunächst für Träger I die Stützenmomente M_b, M_c, M_d mit Hilfe der Tafel 61 berechnet und das Einspannmoment $M_e = M_{ed} + \frac{M_{de}}{2} - \frac{M_d}{2}$. Dann wird Träger II nach Tafel 51 berechnet, wobei nur die Belastung des 5. Feldes sowie das Einspannmoment des Trägers I als Belastungswert einzusetzen ist. Am linken Endauflager des Trägers II verbleibt ein geringes Einspannmoment $M_a = -0,005$ tm, dessen Einfluß vernachlässigt werden kann. Durch Addition der entsprechenden Momente beider Träger ergeben sich die endgültigen Momente.

		B	C	D	E
I	1,2:1:1,4:1,2	M_b	M_c	M_d	M_e
	$3,5 · 5,0^2$ $= 87,5 ·$	$-0,0717$ $= -6,28$	$+0,0162$ $= +1,42$	$-0,0045$ $= -0,39$	$M_{ed} = -4,0 · \dfrac{6,4^2}{12}$
	$3,5 · 4,3^2$ $= 64,8 ·$	$-0,0465$ $= -3,02$	$-0,0459$ $= -2,97$	$+0,0125$ $= +0,81$	$= -13,65$
	$4,0 · 6,0^2$ $= 144,0 ·$	$+0,0139$ $= +2,00$	$-0,0610$ $= -8,78$	$-0,0508$ $= -7,30$	$+\dfrac{M_{de}}{2} = -\dfrac{13,65}{2}$ $= -6,83$
	$4,0 · 6,4^2 · \dfrac{2}{3}$ $= 109,2 ·$	$-0,0044$ $= -0,48$	$+0,0193$ $= +2,11$	$-0,0630$ $= -6,88$	$-\dfrac{M_d}{2} = +\dfrac{13,76}{2}$ $= +6,88$
	M	$-7,78$	$-8,22$	$-13,76$	Bel. f. Trg. II: $-13,60$
II	1:1,8:2:1,6	M_a	M_b	M_c	M_d
	$M_{dc} - M_{de}$ $= -13,60 ·$	$M_{ab} = 0$ $+\dfrac{M_{ba}}{2} = 0$	$-0,044$ $= +0,60$	$+0,138$ $= -1,88$	$M_{dc} = -13,60$ $-0,484 \quad = +6,58$
	$4,0 · 5,2^2$ $= 108,0 ·$	$-\dfrac{M_b}{2} = -\dfrac{0,01}{2}$ $= -0,005$	$-0,0055$ $= -0,59$	$+0,0173$ $= +1,87$	$-0,0605 \quad = -6,53$
	M	$(-0,005)$	$+0,01$	$-0,01$	$-13,55$
I + II	endgültige Momente	$M_B = -7,78$	$M_C = -8,21$	$M_D = -13,77$	$M_E = -13,55$

3. Einspannmomente

Einspannmomente des einseitig bzw. beiderseitig eingespannten Balkens

Belastungsfall	M_{ba}	M_{ab}	M_{ba}
P; a, b; l	$-\dfrac{P\,a}{2\,l^2}\,(l^2 - a^2)$	$-\dfrac{P\,a\,b^2}{l^2}$	$-\dfrac{P\,a^2\,b}{l^2}$
P; $l/2$, $l/2$; l	$-\dfrac{3}{16}\,P\,l$	$-\dfrac{P\,l}{8}$	$-\dfrac{P\,l}{8}$
P, P; $l/3$, $l/3$, $l/3$; l	$-\dfrac{P\,l}{3}$	$-\dfrac{2}{9}\,P\,l$	$-\dfrac{2}{9}\,P\,l$
P, P, P; $l/4$, $l/4$, $l/4$, $l/4$; l	$-\dfrac{15}{32}\,P\,l$	$-\dfrac{5}{16}\,P\,l$	$-\dfrac{5}{16}\,P\,l$
q; l	$-\dfrac{q\,l^2}{8}$	$-\dfrac{q\,l^2}{12}$	$-\dfrac{q\,l^2}{12}$
q; s, b; l	$-\dfrac{q\,s^2}{8}\left(2 - \dfrac{s^2}{l^2}\right)$	$-\dfrac{q\,s^2}{12\,l^2}\,(6\,b^2 + 4\,b\,s + s^2)$	$-\dfrac{q\,s^3}{12\,l^2}\,(4\,b + s)$
q; b, s; l	$-\dfrac{q\,s^2}{8}\left(1 + \dfrac{b}{l}\right)^2$	$-\dfrac{q\,s^3}{12\,l^2}\,(4\,b + s)$	$-\dfrac{q\,s^2}{12\,l^2}\,(6\,b^2 + 4\,b\,s + s^2)$
q; a, s, a; l	$-\dfrac{q\,s}{16\,l}\,(3\,l^2 - s^2)$	$-\dfrac{q\,s}{24\,l}\,(3\,l^2 - s^2)$	$-\dfrac{q\,s}{24\,l}\,(3\,l^2 - s^2)$
q; l (Dreieckslast)	$-\dfrac{1}{15}\,q\,l^2$	$-\dfrac{1}{30}\,q\,l^2$	$-\dfrac{1}{20}\,q\,l^2$
q; l (Dreieckslast)	$-\dfrac{7}{120}\,q\,l^2$	$-\dfrac{1}{20}\,q\,l^2$	$-\dfrac{1}{30}\,q\,l^2$

Belastungsfall	M_{ba}	M_{ab}	M_{ba}
	$-\dfrac{q s^2}{120}\left(20 - 15\dfrac{s}{l} + 3\dfrac{s^2}{l^2}\right)$	$-\dfrac{q s^3}{60\,l}\left(5 - \dfrac{3 s}{l}\right)$	$-\dfrac{q s^2}{60}\left(10 - 10\dfrac{s}{l} + 3\dfrac{s^2}{l^2}\right)$
	$-\dfrac{q s^2}{120}\left(10 - 3\dfrac{s^2}{l^2}\right)$	$-\dfrac{q s^2}{60}\left(10 - 10\dfrac{s}{l} + 3\dfrac{s^2}{l^2}\right)$	$-\dfrac{q s^3}{60\,l}\left(5 - \dfrac{3 s}{l}\right)$
	$-\dfrac{q a^2}{30}\left(5 - 3\dfrac{a^2}{l^2}\right)$	$-\dfrac{q a^2}{30}\left(10 - 15\dfrac{a}{l} + 6\dfrac{a^2}{l^2}\right)$	$-\dfrac{q a^3}{20\,l}\left(1 + 4\dfrac{b}{l}\right)$
	$-\dfrac{q b^2}{120}\left(40 - 45\dfrac{b}{l} + 12\dfrac{b^2}{l^2}\right)$	$-\dfrac{q b^3}{20\,l}\left(1 + 4\dfrac{a}{l}\right)$	$-\dfrac{q b^2}{30}\left(10 - 15\dfrac{b}{l} + 6\dfrac{b^2}{l^2}\right)$
	$-\dfrac{5}{64} q l^2$	$-\dfrac{5}{96} q l^2$	$-\dfrac{5}{96} q l^2$
	$-\dfrac{q l^2}{64}\left(1 + \dfrac{b}{l}\right)\left(5 - \dfrac{b^2}{l^2}\right)$	$-\dfrac{q l^2}{96}\left(1 + \dfrac{b}{l}\right)\left(5 - \dfrac{b^2}{l^2}\right)$	$-\dfrac{q l^2}{96}\left(1 + \dfrac{b}{l}\right)\left(5 - \dfrac{b^2}{l^2}\right)$

Einflußlinien für die Einspannmomente des einseitig bzw. beiderseitig eingespannten Balkens

$\dfrac{x}{l}$	M_{ba}	M_{ab}	M_{ba}
0,1	$-\,0{,}0495 \cdot l$	$-\,0{,}0810 \cdot l$	$-\,0{,}0090 \cdot l$
0,2	$-\,0{,}0960$	$-\,0{,}1280$	$-\,0{,}0320$
0,3	$-\,0{,}1365$	$-\,0{,}1470$	$-\,0{,}0630$
0,4	$-\,0{,}1680$	$-\,0{,}1440$	$-\,0{,}0960$
0,5	$-\,0{,}1875$	$-\,0{,}1250$	$-\,0{,}1250$
0,6	$-\,0{,}1920$	$-\,0{,}0960$	$-\,0{,}1440$
0,7	$-\,0{,}1785$	$-\,0{,}0630$	$-\,0{,}1470$
0,8	$-\,0{,}1440$	$-\,0{,}0320$	$-\,0{,}1280$
0,9	$-\,0{,}0855$	$-\,0{,}0090$	$-\,0{,}0810$
1	0	0	0

4. Übersicht über die Tafeln

Die Tafeln enthalten folgende Verhältnisse der reduzierten Stützweiten
$l' = l\, Ic/I$ (bei gleichem Trägheitsmoment in allen Feldern = Verhältnis der
Stützweiten) *(Tafel-Nr. in eckigen Klammern)*:

Zweifeldträger [1]

1:1	1:1,1	1:1,2	1:1,3	1:1,4	1:1,5	1:1,6	1:1,7	1:1,8	1:1,9
1:2	1:2,25	1:2,5	1:2,75	1:3					

Dreifeldträger

[2] 1:1:1	[3] 1:1,2:1	[4] 1:1,4:1	[5] 1:1,6:1	[6] 1:1,8:1	[7] 1:2:1	[8] 1:2,25:1	[9] 1:2,5:1	[10] 1:2,75:1	[11] 1:3:1
1,2	1,2	1,2	1,2	1,2	1,2	1,2	1,2	1,2	1,2
1,4	1,4	1,4	1,4	1,4	1,4	1,4	1,4	1,4	1,4
1,6	1,6	1,6	1,6	1,6	1,6	1,6	1,6	1,6	1,6
1,8	1,8	1,8	1,8	1,8	1,8	1,8	1,8	1,8	1,8
2	2	2	2	2	2	2	2	2	2
2,25	2,25	2,25	2,25	2,25	2,25	2,25	2,25	2,25	2,25
2,5	2,5	2,5	2,5	2,5	2,5	2,5	2,5	2,5	2,5
2,75	2,75	2,75	2,75	2,75	2,75	2,75	2,75	2,75	2,75
3	3	3	3	3	3	3	3	3	3

	[12] 1,2:1:1,2	[12] 1,4:1:1,2	[12] 1,6:1:1,2	[12] 1,8:1:1,2	[13] 2:1:1,2	[13] 2,25:1:1,2	[14] 2,5:1:1,2	[15] 2,75:1:1,2	[16] 3:1:1,2
		1,4	1,4	1,4	1,4	1,4	1,4	1,4	1,4
			1,6	1,6	1,6	1,6	1,6	1,6	1,6
				1,8	1,8	1,8	1,8	1,8	1,8
					2	2	2	2	2
						2,25	2,25	2,25	2,25
							2,5	2,5	2,5
								2,75	2,75
									3

Vierfeldträger

[17] 1:1:1:1	[18] 1:1,2:1:1	[19] 1:1,4:1:1	[20] 1:1,6:1:1	[21] 1:1,8:1:1	[22] 1:2:1:1
1,2	1,2	1,2	1,2	1,2	1,2
1,4	1,4	1,4	1,4	1,4	1,4
1,6	1,6	1,6	1,6	1,6	1,6
1,8	1,8	1,8	1,8	1,8	1,8
2	2	2	2	2	2

[23] 1:1:1,2:1,2	[24] 1:1,2:1,2:1	[25] 1:1,4:1,2:1	[26] 1:1,6:1,2:1	[27] 1:1,8:1,2:1	[28] 1:2:1,2:1
1,2	1,2	1,2	1,2	1,2	1,2
1,4	1,4	1,4	1,4	1,4	1,4
1,6	1,6	1,6	1,6	1,6	1,6
1,8	1,8	1,8	1,8	1,8	1,8
2	2	2	2	2	2

[29] 1:1:1,4:1,2	[30] 1:1,2:1,4:1,2	[31] 1:1,4:1,4:1	[32] 1:1,6:1,4:1	[33] 1:1,8:1,4:1	[34] 1:2:1,4:1
1,2	1,2	1,2	1,2	1,2	1,2
1,4	1,4	1,4	1,4	1,4	1,4
1,6	1,6	1,6	1,6	1,6	1,6
1,8	1,8	1,8	1,8	1,8	1,8
2	2	2	2	2	2

1:1:1,6:1,2 [35] 1,2 1,4 1,6 1,8 2	1:1,2:1,6:1,2 [36] 1,2 1,4 1,6 1,8 2	1:1,4:1,6:1,2 [37] 1,2 1,4 1,6 1,8 2	1:1,6:1,6:1 [38] 1,2 1,4 1,6 1,8 2	1:1,8:1,6:1 [39] 1,2 1,4 1,6 1,8 2	1:2:1,6:1 [40] 1,2 1,4 1,6 1,8 2
1:1:1,8:1,2 [41] 1,2 1,4 1,6 1,8 2	1:1,2:1,8:1,2 [42] 1,2 1,4 1,6 1,8 2	1:14:1,8:1,2 [43] 1,2 1,4 1,6 1,8 2	1:1,6:1,8:1,2 [44] 1,2 1,4 1,6 1,8 2	1:1,8:1,8:1 [45] 1,2 1,4 1,6 1,8 2	1:2:1,8:1 [46] 1,2 1,4 1,6 1,8 2
1:1:2:1,2 [47] 1,2 1,4 1,6 1,8 2	1:1,2:2:1,2 [48] 1,2 1,4 1,6 1,8 2	1:1,4:2:1,2 [49] 1,2 1,4 1,6 1,8 2	1:1,6:2:1,2 [50] 1,2 1,4 1,6 1,8 2	1:1,8:2:1,2 [51] 1,2 1,4 1,6 1,8 2	1:2:2:1 [52] 1,2 1,4 1,6 1,8 2
	1,2:1:1:1,2 [53]	1,4:1:1:1,2 [53] 1,4	1,6:1:1:1,2 [53] 1,4 1,6	1,8:1:1:1,2 [54] 1,4 1,6 1,8	2:1:1:1,2 [55] 1,4 1,6 1,8 2
	1,2:1:1,2:1,2 [56] 1,4 1,6 1,8 2	1,4:1:1,2:1,2 [57] 1,4 1,6 1,8 2	1,6:1:1,2:1,2 [58] 1,4 1,6 1,8 2	1,8:1:1,2:1,2 [59] 1,4 1,6 1,8 2	2:1:1,2:1,2 [60] 1,4 1,6 1,8 2
	1,2:1:1,4:1,2 [61] 1,4 1,6 1,8 2	1,4:1:1,4:1,2 [62] 1,4 1,6 1,8 2	1,6:1:1,4:1,2 [63] 1,4 1,6 1,8 2	1,8:1:1,4:1,2 [64] 1,4 1,6 1,8 2	2:1:1,4:1,2 [65] 1,4 1,6 1,8 2
	1,2:1:1,6:1,2 [66] 1,4 1,6 1,8 2	1,4:1:1,6:1,2 [67] 1,4 1,6 1,8 2	1,6:1:1,6:1,2 [68] 1,4 1,6 1,8 2	1,8:1:1,6:1,2 [69] 1,4 1,6 1,8 2	2:1:1,6:1,2 [70] 1,4 1,6 1,8 2
	1,2:1:1,8:1,2 [71] 1,4 1,6 1,8 2	1,4:1:1,8:1,2 [72] 1,4 1,6 1,8 2	1,6:1:1,8:1,2 [73] 1,4 1,6 1,8 2	1,8:1:1,8:1,2 [74] 1,4 1,6 1,8 2	2:1:1,8:1,2 [75] 1,4 1,6 1,8 2
	1,2:1:2:1,2 [76] 1,4 1,6 1,8 2	1,4:1:2:1,2 [77] 1,4 1,6 1,8 2	1,6:1:2:1,2 [78] 1,4 1,6 1,8 2	1,8:1:2:1,2 [79] 1,4 1,6 1,8 2	2:1:2:1,2 [80] 1,4 1,6 1,8 2

5. Tafel für Zweifeldträger

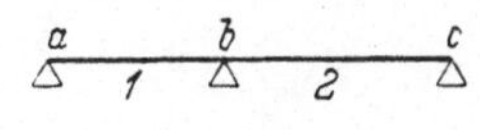

Tafel 1 Abb. 13

$l_1':l_2'$	Beliebige Belastung		Gleichm. vert. Belastung	
		M_b		M_b
1:1	$M_{ba} - M_{bc}$	M_{ba} $-0,500$	$q_1\,l_1^2$ $q_2\,l_2^2$	$-0,0625$ $-0,0625$
1:1,1	$M_{ba} - M_{bc}$	M_{ba} $-0,525$	$q_1\,l_1^2$ $q_2\,l_2^2$	$-0,0595$ $-0,0655$
1:1,2	$M_{ba} - M_{bc}$	M_{ba} $-0,545$	$q_1\,l_1^2$ $q_2\,l_2^2$	$-0,0568$ $-0,0682$
1:1,3	$M_{ba} - M_{bc}$	M_{ba} $-0,564$	$q_1\,l_1^2$ $q_2\,l_2^2$	$-0,0543$ $-0,0707$
1:1,4	$M_{ba} - M_{bc}$	M_{ba} $-0,583$	$q_1\,l_1^2$ $q_2\,l_2^2$	$-0,0521$ $-0,0729$
1:1,5	$M_{ba} - M_{bc}$	M_{ba} $-0,600$	$q_1\,l_1^2$ $q_2\,l_2^2$	$-0,0500$ $-0,0750$
1:1,6	$M_{ba} - M_{bc}$	M_{ba} $-0,615$	$q_1\,l_1^2$ $q_2\,l_2^2$	$-0,0481$ $-0,0769$
1:1,7	$M_{ba} - M_{bc}$	M_{ba} $-0,630$	$q_1\,l_1^2$ $q_2\,l_2^2$	$-0,0462$ $-0,0788$
1:1,8	$M_{ba} - M_{bc}$	M_{ba} $-0,643$	$q_1\,l_1^2$ $q_2\,l_2^2$	$-0,0446$ $-0,0804$
1:1,9	$M_{ba}\quad M_{bc}$	M_{ba} $-0,655$	$q_1\,l_1^2$ $q_2\,l_2^2$	$-0,0431$ $-0,0819$
1:2	$M_{ba}\quad M_{bc}$	M_{ba} $-0,666$	$q_1\,l_1^2$ $q_2\,l_2^2$	$-0,0417$ $-0,0833$
1:2,25	$M_{ba}\quad M_{bc}$	M_{ba} $-0,693$	$q_1\,l_1^2$ $q_2\,l_2^2$	$-0,0383$ $-0,0867$
1:2,5	$M_{ba}\quad M_{bc}$	M_{ba} $-0,714$	$q_1\,l_1^2$ $q_2\,l_2^2$	$-0,0357$ $-0,0893$
1:2,75	$M_{ba}\quad M_{bc}$	M_{ba} $-0,733$	$q_1\,l_1^2$ $q_2\,l_2^2$	$-0,0333$ $-0,0917$
1:3	$M_{ba}\quad M_{bc}$	M_{ba} $-0,750$	$q_1\,l_1^2$ $q_2\,l_2^2$	$-0,0313$ $-0,0937$

6. Tafeln für Dreifeldträger

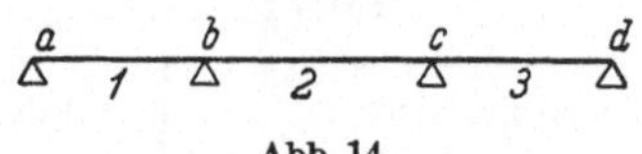

Abb. 14

Tafel 2

$l'_1 : l'_2 : l'_3$	Beliebige Belastung			Gleichm. vert. Belastung		
		M_b	M_c		M_b	M_c
	M_{ba}		M_{cb}	$q_1 l_1^2$	$-0{,}0667$	$+0{,}0167$
$1:1:1$	$M_{ba}-M_{bc}$	$-0{,}466$	$-0{,}133$	$q_2 l_2^2$	$-0{,}0500$	$-0{,}0500$
	$M_{cb}-M_{cd}$	$+0{,}133$	$-0{,}534$	$q_3 l_3^2$	$+0{,}0167$	$-0{,}0667$
	M_{ba}		M_{cb}	$q_1 l_1^2$	$-0{,}0664$	$+0{,}0151$
$1:1:1{,}2$	$M_{ba}-M_{bc}$	$-0{,}469$	$-0{,}121$	$q_2 l_2^2$	$-0{,}0511$	$-0{,}0450$
	$M_{cb}-M_{cd}$	$+0{,}145$	$-0{,}578$	$q_3 l_3^2$	$+0{,}0181$	$-0{,}0723$
	M_{ba}		M_{cb}	$q_1 l_1^2$	$-0{,}0660$	$+0{,}0137$
$1:1:1{,}4$	$M_{ba}-M_{bc}$	$-0{,}472$	$-0{,}110$	$q_2 l_2^2$	$-0{,}0521$	$-0{,}0412$
	$M_{cb}-M_{cd}$	$+0{,}154$	$-0{,}615$	$q_3 l_3^2$	$+0{,}0192$	$-0{,}0768$
	M_{ba}		M_{cb}	$q_1 l_1^2$	$-0{,}0658$	$+0{,}0127$
$1:1:1{,}6$	$M_{ba}-M_{bc}$	$-0{,}474$	$-0{,}102$	$q_2 l_2^2$	$-0{,}0529$	$-0{,}0381$
	$M_{cb}-M_{cd}$	$+0{,}161$	$-0{,}645$	$q_3 l_3^2$	$+0{,}0202$	$-0{,}0806$
	M_{ba}		M_{cb}	$q_1 l_1^2$	$-0{,}0656$	$+0{,}0118$
$1:1:1{,}8$	$M_{ba}-M_{bc}$	$-0{,}475$	$-0{,}094$	$q_2 l_2^2$	$-0{,}0536$	$-0{,}0351$
	$M_{cb}-M_{cd}$	$+0{,}168$	$-0{,}673$	$q_3 l_3^2$	$+0{,}0210$	$-0{,}0842$
	M_{ba}		M_{cb}	$q_1 l_1^2$	$-0{,}0652$	$+0{,}0109$
$1:1:2$	$M_{ba}-M_{bc}$	$-0{,}478$	$-0{,}087$	$q_2 l_2^2$	$-0{,}0543$	$-0{,}0326$
	$M_{cb}-M_{cd}$	$+0{,}174$	$-0{,}696$	$q_3 l_3^2$	$+0{,}0218$	$-0{,}0870$
	M_{ba}		M_{cb}	$q_1 l_1^2$	$-0{,}0650$	$+0{,}0100$
$1:1:2{,}25$	$M_{ba}-M_{bc}$	$-0{,}480$	$-0{,}080$	$q_2 l_2^2$	$-0{,}0550$	$-0{,}0300$
	$M_{cb}-M_{cd}$	$+0{,}180$	$-0{,}720$	$q_3 l_3^2$	$+0{,}0225$	$-0{,}0900$
	M_{ba}		M_{cb}	$q_1 l_1^2$	$-0{,}0648$	$+0{,}0093$
$1:1:2{,}5$	$M_{ba}-M_{bc}$	$-0{,}482$	$-0{,}074$	$q_2 l_2^2$	$-0{,}0557$	$-0{,}0278$
	$M_{cb}-M_{cd}$	$+0{,}186$	$-0{,}740$	$q_3 l_3^2$	$+0{,}0233$	$-0{,}0925$
	M_{ba}		M_{cb}	$q_1 l_1^2$	$-0{,}0647$	$+0{,}0086$
$1:1:2{,}75$	$M_{ba}-M_{bc}$	$-0{,}483$	$-0{,}069$	$q_2 l_2^2$	$-0{,}0561$	$-0{,}0258$
	$M_{cb}-M_{cd}$	$+0{,}190$	$-0{,}759$	$q_3 l_3^2$	$+0{,}0238$	$-0{,}0949$
	M_{ba}		M_{cb}	$q_1 l_1^2$	$-0{,}0645$	$+0{,}0081$
$1:1:3$	$M_{ba}-M_{bc}$	$-0{,}484$	$-0{,}065$	$q_2 l_2^2$	$-0{,}0565$	$-0{,}0242$
	$M_{cb}-M_{cd}$	$+0{,}194$	$-0{,}774$	$q_3 l_3^2$	$+0{,}0242$	$-0{,}0967$

Tafel 3

$l_1':l_2':l_3'$	Beliebige Belastung			Gleichm. vert. Belastung		
		M_b	M_c		M_b	M_c
1:1,2:1	M_{ba}		M_{cb}	$q_1 l_1^2$	$-0,0614$	$+0,0167$
	$M_{ba}-M_{bc}$	$-0,509$	$-0,134$	$q_2 l_2^2$	$-0,0536$	$-0,0536$
	$M_{cb}-M_{cd}$	$+0,134$	$-0,491$	$q_3 l_3^2$	$+0,0167$	$-0,0614$
1:1,2:1,2	M_{ba}		M_b	$q_1 l_1^2$	$-0,0609$	$+0,0154$
	$M_{ba}-M_{bc}$	$-0,513$	$-0,123$	$q_2 l_2^2$	$-0,0551$	$-0,0489$
	$M_{cb}-M_{cd}$	$+0,147$	$-0,537$	$q_3 l_3^2$	$+0,0184$	$-0,0671$
1:1,2:1,4	M_{ba}		M_{cb}	$q_1 l_1^2$	$-0,0606$	$+0,0140$
	$M_{ba}-M_{bc}$	$-0,515$	$-0,112$	$q_2 l_2^2$	$-0,0560$	$-0,0448$
	$M_{cb}-M_{cd}$	$+0,157$	$-0,574$	$q_3 l_3^2$	$+0,0196$	$-0,0718$
1:1,2:1,6	M_{ba}		M_{cb}	$q_1 l_1^2$	$-0,0605$	$+0,0130$
	$M_{ba}-M_{bc}$	$-0,517$	$-0,104$	$q_2 l_2^2$	$-0,0568$	$-0,0415$
	$M_{cb}-M_{cd}$	$+0,166$	$-0,607$	$q_3 l_3^2$	$+0,0208$	$-0,0758$
1:1,2:1,8	M_{ba}		M_{cb}	$q_1 l_1^2$	$-0,0600$	$+0,0121$
	$M_{ba}-M_{bc}$	$-0,520$	$-0,097$	$q_2 l_2^2$	$-0,0578$	$-0,0386$
	$M_{cb}-M_{cd}$	$+0,173$	$-0,634$	$q_3 l_3^2$	$+0,0216$	$-0,0793$
1:1,2:2	M_{ba}		M_{cb}	$q_1 l_1^2$	$-0,0599$	$+0,0112$
	$M_{ba}-M_{bc}$	$-0,521$	$-0,090$	$q_2 l_2^2$	$-0,0584$	$-0,0359$
	$M_{cb}-M_{cd}$	$+0,180$	$-0,659$	$q_3 l_3^2$	$+0,0225$	$-0,0824$
1:1,2:2,25	M_{ba}		M_{cb}	$q_1 l_1^2$	$-0,0598$	$+0,0104$
	$M_{ba}-M_{bc}$	$-0,522$	$-0,083$	$q_2 l_2^2$	$-0,0590$	$-0,0332$
	$M_{cb}-M_{cd}$	$+0,186$	$-0,684$	$q_3 l_3^2$	$+0,0233$	$-0,0855$
1:1,2:2,5	M_{ba}		M_{cb}	$q_1 l_1^2$	$-0,0595$	$+0,0098$
	$M_{ba}-M_{bc}$	$-0,524$	$-0,078$	$q_2 l_2^2$	$-0,0598$	$-0,0310$
	$M_{cb}-M_{cd}$	$+0,193$	$-0,706$	$q_3 l_3^2$	$+0,0241$	$-0,0882$
1:1,2:2,75	M_{ba}		M_{cb}	$q_1 l_1^2$	$-0,0594$	$+0,0091$
	$M_{ba}-M_{bc}$	$-0,525$	$-0,073$	$q_2 l_2^2$	$-0,0602$	$-0,0290$
	$M_{cb}-M_{cd}$	$+0,198$	$-0,725$	$q_3 l_3^2$	$+0,0248$	$-0,0906$
1:1,2:3	M_{ba}		M_{cb}	$q_1 l_1^2$	$-0,0593$	$+0,0085$
	$M_{ba}-M_{bc}$	$-0,526$	$-0,068$	$q_2 l_2^2$	$-0,0607$	$-0,0271$
	$M_{cb}-M_{cd}$	$+0,203$	$-0,743$	$q_3 l_3^2$	$+0,0254$	$-0,0929$

2*

Tafel 4

$l_1':l_2':l_3'$	Beliebige Belastung			Gleichm. vert. Belastung		
		M_b	M_c		M_b	M_c
	M_{ba}	M_{cb}		$q_1 l_1^2$	$-0,0569$	$+0,0166$
$1:1,4:1$	$M_{ba}-M_{bc}$	$-0,545$	$-0,133$	$q_2 l_2^2$	$-0,0564$	$-0,0564$
	$M_{cb}-M_{cd}$	$+0,133$	$-0,455$	$q_3 l_3^2$	$+0,0166$	$-0,0569$
	M_{ba}	M_{cb}		$q_1 l_1^2$	$-0,0565$	$+0,0151$
$1:1,4:1,2$	$M_{ba}-M_{bc}$	$-0,548$	$-0,121$	$q_2 l_2^2$	$-0,0579$	$-0,0516$
	$M_{cb}-M_{cd}$	$+0,146$	$-0,501$	$q_3 l_3^2$	$+0,0183$	$-0,0625$
	M_{ba}	M_{cb}		$q_1 l_1^2$	$-0,0562$	$+0,0140$
$1:1,4:1,4$	$M_{ba}-M_{bc}$	$-0,551$	$-0,112$	$q_2 l_2^2$	$-0,0591$	$-0,0476$
	$M_{cb}-M_{cd}$	$+0,158$	$-0,540$	$q_3 l_3^2$	$+0,0198$	$-0,0675$
	M_{ba}	M_{cb}		$q_1 l_1^2$	$-0,0559$	$+0,0131$
$1:1,4:1,6$	$M_{ba}-M_{bc}$	$-0,553$	$-0,105$	$q_2 l_2^2$	$-0,0600$	$-0,0445$
	$M_{cb}-M_{cd}$	$+0,167$	$-0,572$	$q_3 l_3^2$	$+0,0209$	$-0,0715$
	M_{ba}	M_{cb}		$q_1 l_1^2$	$-0,0557$	$+0,0123$
$1:1,4:1.8$	$M_{ba}-M_{bc}$	$-0,554$	$-0,098$	$q_2 l_2^2$	$-0,0608$	$-0,0414$
	$M_{cb}-M_{cd}$	$+0,175$	$-0,601$	$q_3 l_3^2$	$+0,0219$	$-0,0751$
	M_{ba}	M_{cb}		$q_1 l_1^2$	$-0,0554$	$+0,0115$
$1:1,4:2$	$M_{ba}-M_{bc}$	$-0,557$	$-0,092$	$q_2 l_2^2$	$-0,0617$	$-0,0388$
	$M_{cb}-M_{cd}$	$+0,183$	$-0,626$	$q_3 l_3^2$	$+0,0229$	$-0,0783$
	M_{ba}	M_{cb}		$q_1 l_1^2$	$-0,0552$	$+0,0107$
$1:1,4:2,25$	$M_{ba}-M_{bc}$	$-0,558$	$-0,086$	$q_2 l_2^2$	$-0,0623$	$-0,0361$
	$M_{cb}-M_{cd}$	$+0,190$	$-0,653$	$q_3 l_3^2$	$+0,0238$	$-0,0817$
	M_{ba}	M_{cb}		$q_1 l_1^2$	$-0,0550$	$+0,0099$
$1:1,4:2,5$	$M_{ba}-M_{bc}$	$-0,560$	$-0,079$	$q_2 l_2^2$	$-0,0631$	$-0,0336$
	$M_{cb}-M_{cd}$	$+0,197$	$-0,676$	$q_3 l_3^2$	$+0,0246$	$-0,0844$
	M_{ba}	M_{cb}		$q_1 l_1^2$	$-0,0549$	$+0,0094$
$1:1,4:2,75$	$M_{ba}-M_{bc}$	$-0,561$	$-0,075$	$q_2 l_2^2$	$-0,0636$	$-0,0316$
	$M_{cb}-M_{cd}$	$+0,203$	$-0,696$	$q_3 l_3^2$	$+0,0254$	$-0,0870$
	M_{ba}	M_{cb}		$q_1 l_1^2$	$-0,0546$	$+0,0088$
$1:1,4:3$	$M_{ba}-M_{bc}$	$-0,563$	$-0,070$	$q_2 l_2^2$	$-0,0644$	$-0,0295$
	$M_{cb}-M_{cd}$	$+0,209$	$-0,715$	$q_3 l_3^2$	$+0,0261$	$-0,0894$

Tafel 5

$l'_1:l'_2:l'_3$	Beliebige Belastung			Gleichm. vert. Belastung		
		M_b	M_c		M_b	M_c
	M_{ba}		M_{cb}	$q_1 l_1^2$	$-0{,}0531$	$+0{,}0163$
$1:1{,}6:1$	$M_{ba}-M_{bc}$	$-0{,}575$	$-0{,}131$	$q_2 l_2^2$	$-0{,}0588$	$-0{,}0588$
	$M_{cb}-M_{cd}$	$+0{,}131$	$-0{,}425$	$q_3 l_3^2$	$+0{,}0163$	$-0{,}0531$
	M_{ba}		M_{cb}	$q_1 l_1^2$	$-0{,}0527$	$+0{,}0150$
$1:1{,}6:1{,}2$	$M_{ba}-M_{bc}$	$-0{,}578$	$-0{,}120$	$q_2 l_2^2$	$-0{,}0603$	$-0{,}0542$
	$M_{cb}-M_{cd}$	$+0{,}145$	$-0{,}470$	$q_3 l_3^2$	$+0{,}0181$	$-0{,}0587$
	M_{ba}		M_{cb}	$q_1 l_1^2$	$-0{,}0524$	$+0{,}0139$
$1:1{,}6:1{,}4$	$M_{ba}-M_{bc}$	$-0{,}581$	$-0{,}111$	$q_2 l_2^2$	$-0{,}0614$	$-0{,}0503$
	$M_{cb}-M_{cd}$	$+0{,}156$	$-0{,}508$	$q_3 l_3^2$	$+0{,}0195$	$-0{,}0635$
	M_{ba}		M_{cb}	$q_1 l_1^2$	$-0{,}0521$	$+0{,}0130$
$1:1{,}6:1{,}6$	$M_{ba}-M_{bc}$	$-0{,}583$	$-0{,}104$	$q_2 l_2^2$	$-0{,}0625$	$-0{,}0469$
	$M_{cb}-M_{cd}$	$+0{,}167$	-0.541	$q_3 l_3^2$	$+0{,}0209$	$-0{,}0676$
	M_{ba}		M_{cb}	$q_1 l_1^2$	$-0{,}0517$	$+0{,}0121$
$1:1{,}6:1{,}8$	$M_{ba}-M_{bc}$	$-0{,}586$	$-0{,}097$	$q_2 l_2^2$	$-0{,}0635$	$-0{,}0438$
	$M_{cb}-M_{cd}$	$+0{,}176$	$-0{,}571$	$q_3 l_3^2$	$+0{,}0220$	$-0{,}0714$
	M_{ba}		M_{cb}	$q_1 l_1^2$	$-0{,}0516$	$+0.0115$
$1:1{,}6:2$	$M_{ba}-M_{bc}$	$-0{,}587$	$-0{,}092$	$q_2 l_2^2$	$-0{,}0642$	$-0{,}0413$
	$M_{cb}-M_{cd}$	$+0{,}184$	$-0{,}596$	$q_3 l_3^2$	$+0{,}0230$	$-0{,}0745$
	M_{ba}		M_{cb}	$q_1 l_1^2$	$-0{,}0514$	$+0{,}0107$
$1:1{,}6:2{,}25$	$M_{ba}-M_{bc}$	$-0{,}589$	$-0{,}086$	$q_2 l_2^2$	$-0{,}0651$	$-0{,}0385$
	$M_{cb}-M_{cd}$	$+0{,}192$	$-0{,}624$	$q_3 l_3^2$	$+0{,}0240$	$-0{,}0780$
	M_{ba}		M_{cb}	$q_1 l_1^2$	$-0{,}0513$	$+0{,}0101$
$1:1{,}6:2{,}5$	$M_{ba}-M_{bc}$	$-0{,}590$	$-0{,}081$	$q_2 l_2^2$	$-0{,}0659$	$-0{,}0360$
	$M_{cb}-M_{cd}$	$+0{,}200$	$-0{,}649$	$q_3 l_3^2$	$+0{,}0250$	$-0{,}0811$
	M_{ba}		M_{cb}	$q_1 l_1^2$	$-0{,}0508$	$+0{,}0094$
$1:1{,}6:2{,}75$	$M_{ba}-M_{bc}$	$-0{,}593$	$-0{,}075$	$q_2 l_2^2$	$-0{,}0667$	$-0{,}0338$
	$M_{cb}-M_{cd}$	$+0{,}206$	$-0{,}670$	$q_3 l_3^2$	$+0{,}0257$	$-0{,}0837$
	M_{ba}		M_{cb}	$q_1 l_1^2$	$-0{,}0508$	$+0{,}0089$
$1:1{,}6:3$	$M_{ba}-M_{bc}$	$-0{,}594$	$-0{,}071$	$q_2 l_2^2$	$-0{,}0672$	$-0{,}0318$
	$M_{cb}-M_{cd}$	$+0{,}212$	$-0{,}689$	$q_3 l_3^2$	$+0{,}0265$	$-0{,}0862$

Tafel 6

$l'_1 : l'_2 : l'_3$		M_b	M_c		M_b	M_c
		Beliebige Belastung			**Gleichm. vert. Belastung**	
		M_{ba}	M_{cb}	$q_1 l_1^2$	$-0{,}0498$	$+0{,}0160$
$1:1{,}8:1$	$M_{ba}-M_{bc}$	$-0{,}601$	$-0{,}128$	$q_2 l_2^2$	$-0{,}0608$	$-0{,}0608$
	$M_{cb}-M_{cd}$	$+0{,}128$	$-0{,}399$	$q_3 l_3^2$	$+0{,}0160$	$-0{,}0498$
		M_{ba}	M_{cb}	$q_1 l_1^2$	$-0{,}0495$	$+0{,}0149$
$1:1{,}8:1{,}2$	$M_{ba}-M_{bc}$	$-0{,}605$	$-0{,}119$	$q_2 l_2^2$	$-0{,}0623$	$-0{,}0563$
	$M_{cb}-M_{cd}$	$+0{,}143$	$-0{,}443$	$q_3 l_3^2$	$+0{,}0179$	$-0{,}0554$
		M_{ba}	M_{cb}	$q_1 l_1^2$	$-0{,}0492$	$+0{,}0139$
$1:1{,}8:1{,}4$	$M_{ba}-M_{bc}$	$-0{,}607$	$-0{,}111$	$q_2 l_2^2$	$-0{,}0635$	$-0{,}0525$
	$M_{cb}-M_{cd}$	$+0{,}155$	$-0{,}481$	$q_3 l_3^2$	$+0{,}0194$	$-0{,}0601$
		M_{ba}	M_{cb}	$q_1 l_1^2$	$-0{,}0489$	$+0{,}0129$
$1:1{,}8:1{,}6$	$M_{ba}-M_{bc}$	$-0{,}609$	$-0{,}103$	$q_2 l_2^2$	$-0{,}0646$	$-0{,}0489$
	$M_{cb}-M_{cd}$	$+0{,}166$	$-0{,}515$	$q_3 l_3^2$	$+0{,}0208$	$-0{,}0644$
		M_{ba}	M_{cb}	$q_1 l_1^2$	$-0{,}0485$	$+0{,}0121$
$1:1{,}8:1{,}8$	$M_{ba}-M_{bc}$	$-0{,}611$	$-0{,}097$	$q_2 l_2^2$	$-0{,}0655$	$-0{,}0461$
	$M_{cb}-M_{cd}$	$+0{,}175$	$-0{,}544$	$q_3 l_3^2$	$+0{,}0219$	$-0{,}0679$
		M_{ba}	M_{cb}	$q_1 l_1^2$	$-0{,}0483$	$+0{,}0115$
$1:1{,}8:2$	$M_{ba}-M_{bc}$	$-0{,}613$	$-0{,}092$	$q_2 l_2^2$	$-0{,}0664$	$-0{,}0436$
	$M_{cb}-M_{cd}$	$+0{,}183$	$-0{,}569$	$q_3 l_3^2$	$+0{,}0229$	$-0{,}0711$
		M_{ba}	M_{cb}	$q_1 l_1^2$	$-0{,}0478$	$+0{,}0106$
$1:1{.}8:2{,}25$	$M_{ba}-M_{bc}$	$-0{,}617$	$-0{,}085$	$q_2 l_2^2$	$-0{,}0675$	$-0{,}0406$
	$M_{cb}-M_{cd}$	$+0{,}193$	$-0{,}598$	$q_3 l_3^2$	$+0{,}0241$	$-0{,}0748$
		M_{ba}	M_{cb}	$q_1 l_1^2$	$-0{,}0477$	$+0{,}0100$
$1:1{,}8:2{,}5$	$M_{ba}-M_{bc}$	$-0{,}618$	$-0{,}080$	$q_2 l_2^2$	$-0{,}0683$	$-0{,}0381$
	$M_{cb}-M_{cd}$	$+0{,}201$	$-0{,}623$	$q_3 l_3^2$	$+0{,}0251$	$-0{,}0779$
		M_{ba}	M_{cb}	$q_1 l_1^2$	$-0{,}0477$	$+0{,}0095$
$1:1{,}8:2{,}75$	$M_{ba}-M_{bc}$	$-0{,}619$	$-0{,}076$	$q_2 l_2^2$	$-0{,}0689$	$-0{,}0359$
	$M_{cb}-M_{cd}$	$+0{,}207$	$-0{,}645$	$q_3 l_3^2$	$+0{,}0259$	$-0{,}0806$
		M_{ba}	M_{cb}	$q_1 l_1^2$	$-0{,}0474$	$+0{,}0090$
$1:1{,}8:3$	$M_{ba}-M_{bc}$	$-0{,}621$	$-0{,}072$	$q_2 l_2^2$	$-0{,}0695$	$-0{,}0340$
	$M_{cb}-M_{cd}$	$+0{,}214$	$-0{,}664$	$q_3 l_3^2$	$+0{,}0268$	$-0{,}0830$

Tafel 7

$l_1' : l_2' : l_3'$	Beliebige Belastung			Gleichm. vert. Belastung		
		M_b	M_c		M_b	M_c
	M_{ba}	M_{ba}	M_{cb}	$q_1 l_1^2$	$-0,0469$	$+0,0156$
1:2:1	$M_{ba}-M_{bc}$	$-0,625$	$-0,125$	$q_2 l_2^2$	$-0,0625$	$-0,0625$
	$M_{cb}-M_{cd}$	$+0,125$	$-0,375$	$q_3 l_3^2$	$+0,0156$	$-0,0469$
	M_{ba}	M_{ba}	M_{cb}	$q_1 l_1^2$	$-0,0465$	$+0,0145$
1:2:1,2	$M_{ba}-M_{bc}$	$-0,628$	$-0,116$	$q_2 l_2^2$	$-0,0640$	$-0,0581$
	$M_{cb}-M_{cd}$	$+0,140$	$-0,419$	$q_3 l_3^2$	$+0,0175$	$-0,0524$
	M_{ba}	M_{ba}	M_{cb}	$q_1 l_1^2$	$-0,0461$	$+0,0136$
1:2:1,4	$M_{ba}-M_{bc}$	$-0,631$	$-0,109$	$q_2 l_2^2$	$-0,0653$	$-0,0544$
	$M_{cb}-M_{cd}$	$+0,152$	$-0,456$	$q_3 l_3^2$	$+0,0190$	$-0,0570$
	M_{ba}	M_{ba}	M_{cb}	$q_1 l_1^2$	$-0,0459$	$+0,0128$
1:2:1,6	$M_{ba}-M_{bc}$	$-0,633$	$-0,102$	$q_2 l_2^2$	$-0,0663$	$-0,0510$
	$M_{cb}-M_{cd}$	$+0,163$	$-0,490$	$q_3 l_3^2$	$+0,0204$	$-0,0612$
	M_{ba}	M_{ba}	M_{cb}	$q_1 l_1^2$	$-0,0456$	$+0,0120$
1:2:1,8	$M_{ba}-M_{bc}$	$-0,635$	$-0,096$	$q_2 l_2^2$	$-0,0673$	$-0,0481$
	$M_{cb}-M_{cd}$	$+0,173$	$-0,519$	$q_3 l_3^2$	$+0,0216$	$-0,0648$
	M_{ba}	M_{ba}	M_{cb}	$q_1 l_1^2$	$-0,0455$	$+0,0114$
1:2:2	$M_{ba}-M_{bc}$	$-0,636$	$-0,091$	$q_2 l_2^2$	$-0,0682$	$-0,0455$
	$M_{cb}-M_{cd}$	$+0,182$	$-0,546$	$q_3 l_3^2$	$+0,0228$	$-0,0682$
	M_{ba}	M_{ba}	M_{cb}	$q_1 l_1^2$	$-0,0453$	$+0,0106$
1:2:2,25	$M_{ba}-M_{bc}$	$-0,638$	$-0,085$	$q_2 l_2^2$	$-0,0691$	$-0,0426$
	$M_{cb}-M_{cd}$	$+0,191$	$-0,574$	$q_3 l_3^2$	$+0,0239$	$-0,0717$
	M_{ba}	M_{ba}	M_{cb}	$q_1 l_1^2$	$-0,0450$	$+0,0100$
1:2:2,5	$M_{ba}-M_{bc}$	$-0,640$	$-0,080$	$q_2 l_2^2$	$-0,0700$	$-0,0400$
	$M_{cb}-M_{cd}$	$+0,200$	$-0,600$	$q_3 l_3^2$	$+0,0250$	$-0,0750$
	M_{ba}	M_{ba}	M_{cb}	$q_1 l_1^2$	$-0,0449$	$+0,0095$
1:2:2,75	$M_{ba}-M_{bc}$	$-0,641$	$-0,076$	$q_2 l_2^2$	$-0,0707$	$-0,0378$
	$M_{cb}-M_{cd}$	$+0,207$	$-0,622$	$q_3 l_3^2$	$+0,0259$	$-0,0777$
	M_{ba}	M_{ba}	M_{cb}	$q_1 l_1^2$	$-0,0446$	$+0,0090$
1:2:3	$M_{ba}-M_{bc}$	$-0,643$	$-0,072$	$q_2 l_2^2$	$-0,0714$	$-0,0357$
	$M_{cb}-M_{cd}$	$+0,214$	$-0,643$	$q_3 l_3^2$	$+0,0268$	$-0,0804$

Tafel 8

$l'_1 : l'_2 : l'_3$	Beliebige Belastung			Gleichm. vert. Belastung		
		M_b	M_c		M_b	M_c
	M_{ba}	M_{ba}	M_{cb}	$q_1 l_1^2$	$-0{,}0436$	$+0{,}0151$
$1:2{,}25:1$	$M_{ba}-M_{bc}$	$-0{,}651$	$-0{,}121$	$q_2 l_2^2$	$-0{,}0643$	$-0{,}0643$
	$M_{cb}-M_{cd}$	$+0{,}121$	$-0{,}349$	$q_3 l_3^2$	$+0{,}0151$	$-0{,}0436$
		M_{ba}	M_{cb}	$q_1 l_1^2$	$-0{,}0434$	$+0{,}0143$
$1:2{,}25:1{,}2$	$M_{ba}-M_{bc}$	$-0{,}653$	$-0{,}114$	$q_2 l_2^2$	$-0{,}0657$	$-0{,}0602$
	$M_{cb}-M_{cd}$	$+0{,}135$	$-0{,}391$	$q_3 l_3^2$	$+0{,}0169$	$-0{,}0489$
		M_{ba}	M_{cb}	$q_1 l_1^2$	$-0{,}0432$	$+0{,}0132$
$1:2{,}25:1{,}4$	$M_{ba}-M_{bc}$	$-0{,}655$	$-0{,}106$	$q_2 l_2^2$	$-0{,}0669$	$-0{,}0563$
	$M_{cb}-M_{cd}$	$+0{,}148$	$-0{,}429$	$q_3 l_3^2$	$+0{,}0185$	$-0{,}0536$
		M_{ba}	M_{cb}	$q_1 l_1^2$	$-0{,}0428$	$+0{,}0126$
$1:2{,}25:1{,}6$	$M_{ba}-M_{bc}$	$-0{,}657$	$-0{,}101$	$q_2 l_2^2$	$-0{,}0681$	$-0{,}0533$
	$M_{cb}-M_{cd}$	$+0{,}160$	$-0{,}461$	$q_3 l_3^2$	$+0{,}0200$	$-0{,}0576$
		M_{ba}	M_{cb}	$q_1 l_1^2$	$-0{,}0425$	$+0{,}0118$
$1:2{,}25:1{,}8$	$M_{ba}-M_{bc}$	$-0{,}660$	$-0{,}094$	$q_2 l_2^2$	$-0{,}0692$	$-0{,}0501$
	$M_{cb}-M_{cd}$	$+0{,}170$	$-0{,}492$	$q_3 l_3^2$	$+0{,}0212$	$-0{,}0615$
		M_{ba}	M_{cb}	$q_1 l_1^2$	$-0{,}0422$	$+0{,}0113$
$1:2{,}25:2$	$M_{ba}-M_{bc}$	$-0{,}662$	$-0{,}090$	$q_2 l_2^2$	$-0{,}0701$	$-0{,}0476$
	$M_{cb}-M_{cd}$	$+0{,}179$	$-0{,}518$	$q_3 l_3^2$	$+0{,}0224$	$-0{,}0647$
		M_{ba}	M_{cb}	$q_1 l_1^2$	$-0{,}0420$	$+0{,}0105$
$1:2{,}25:2{,}25$	$M_{ba}-M_{bc}$	$-0{,}663$	$-0{,}084$	$q_2 l_2^2$	$-0{,}0711$	$-0{,}0446$
	$M_{cb}-M_{cd}$	$+0{,}190$	$-0{,}548$	$q_3 l_3^2$	$+0{,}0238$	$-0{,}0685$
		M_{ba}	M_{cb}	$q_1 l_1^2$	$-0{,}0418$	$+0{,}0099$
$1:2{,}25:2{,}5$	$M_{ba}-M_{bc}$	$-0{,}666$	$-0{,}079$	$q_2 l_2^2$	$-0{,}0721$	$-0{,}0421$
	$M_{cb}-M_{cd}$	$+0{,}199$	$-0{,}573$	$q_3 l_3^2$	$+0{,}0249$	$-0{,}0716$
		M_{ba}	M_{cb}	$q_1 l_1^2$	$-0{,}0416$	$+0{,}0094$
$1:2{,}25:2{,}75$	$M_{ba}-M_{bc}$	$-0{,}667$	$-0{,}075$	$q_2 l_2^2$	$-0{,}0729$	$-0{,}0399$
	$M_{cb}-M_{cd}$	$+0{,}207$	$-0{,}596$	$q_3 l_3^2$	$+0{,}0259$	$-0{,}0745$
		M_{ba}	M_{cb}	$q_1 l_1^2$	$-0{,}0414$	$+0{,}0089$
$1:2{,}25:3$	$M_{ba}-M_{bc}$	$-0{,}669$	$-0{,}071$	$q_2 l_2^2$	$-0{,}0735$	$-0{,}0378$
	$M_{cb}-M_{cd}$	$+0{,}214$	$-0{,}617$	$q_3 l_3^2$	$+0{,}0267$	$-0{,}0772$

Tafel 9

$l_1':l_2':l_3'$	Beliebige Belastung			Gleichm. vert. Belastung		
		M_b	M_c		M_b	M_c
	M_{ba}		M_{cb}	$q_1\,l_1^2$	$-0,0410$	$+0,0146$
$1:2,5:1$	$M_{ba}-M_{bc}$	$-0,672$	$-0,117$	$q_2\,l_2^2$	$-0,0658$	$-0,0658$
	$M_{cb}-M_{cd}$	$+0,117$	$-0,328$	$q_3\,l_3^2$	$+0,0146$	$-0,0410$
	M_{ba}		M_{cb}	$q_1\,l_1^2$	$-0,0407$	$+0,0138$
$1:2,5:1,2$	$M_{ba}-M_{bc}$	$-0,674$	$-0,110$	$q_2\,l_2^2$	$-0,0671$	$-0,0617$
	$M_{cb}-M_{cd}$	$+0,131$	$-0,369$	$q_3\,l_3^2$	$+0,0164$	$-0,0461$
	M_{ba}		M_{cb}	$q_1\,l_1^2$	$-0,0403$	$+0,0130$
$1:2,5:1,4$	$M_{ba}-M_{bc}$	$-0,677$	$-0,104$	$q_2\,l_2^2$	$-0,0685$	$-0,0582$
	$M_{cb}-M_{cd}$	$+0,145$	$-0,405$	$q_3\,l_3^2$	$+0,0181$	$-0,0506$
	M_{ba}		M_{cb}	$q_1\,l_1^2$	$-0,0401$	$+0,0123$
$1:2,5:1,6$	$M_{ba}-M_{bc}$	$-0,679$	$-0,098$	$q_2\,l_2^2$	$-0,0697$	$-0,0550$
	$M_{cb}-M_{cd}$	$+0,157$	$-0,438$	$q_3\,l_3^2$	$+0,0196$	$-0,0547$
	M_{ba}		M_{cb}	$q_1\,l_1^2$	$-0,0399$	$+0,0016$
$1:2,5:1,8$	$M_{ba}-M_{bc}$	$-0,681$	$-0,093$	$q_2\,l_2^2$	$-0,0707$	$-0,0522$
	$M_{cb}-M_{cd}$	$+0,167$	$-0,467$	$q_3\,l_3^2$	$+0,0209$	$-0,0583$
	M_{ba}		M_{cb}	$q_1\,l_1^2$	$-0,0397$	$+0,0110$
$1:2,5:2$	$M_{ba}-M_{bc}$	$-0,682$	$-0,088$	$q_2\,l_2^2$	$-0,0716$	$-0,0495$
	$M_{cb}-M_{cd}$	$+0,176$	$-0,493$	$q_3\,l_3^2$	$+0,0220$	$-0,0616$
	M_{ba}		M_{cb}	$q_1\,l_1^2$	$-0,0394$	$+0,0104$
$1:2,5:2,25$	$M_{ba}-M_{bc}$	$-0,685$	$-0,083$	$q_2\,l_2^2$	$-0,0727$	$-0,0466$
	$M_{cb}-M_{cd}$	$+0,187$	$-0,523$	$q_3\,l_3^2$	$+0,0234$	$-0,0653$
	M_{ba}		M_{cb}	$q_1\,l_1^2$	$-0,0390$	$+0,0099$
$1:2,5:2,5$	$M_{ba}-M_{bc}$	$-0,687$	$-0,079$	$q_2\,l_2^2$	$-0,0737$	$-0,0441$
	$M_{cb}-M_{cd}$	$+0,197$	$-0,549$	$q_3\,l_3^2$	$+0,0246$	$-0,0686$
	M_{ba}		M_{cb}	$q_1\,l_1^2$	$-0,0390$	$+0,0094$
$1:2,5:2,75$	$M_{ba}-M_{bc}$	$-0,688$	$-0,075$	$q_2\,l_2^2$	$-0,0744$	$-0,0419$
	$M_{cb}-M_{cd}$	$+0,204$	$-0,572$	$q_3\,l_3^2$	$+0,0255$	$-0,0715$
	M_{ba}		M_{cb}	$q_1\,l_1^2$	$-0,0389$	$+0,0089$
$1:2,5:3$	$M_{ba}-M_{bc}$	$-0,689$	$-0,071$	$q_2\,l_2^2$	$-0,0752$	$-0,0398$
	$M_{cb}-M_{cd}$	$+0,212$	$-0,593$	$q_3\,l_3^2$	$+0,0265$	$-0,0741$

Tafel 10

$l_1':l_2':l_3'$		Beliebige Belastung			Gleichm. vert. Belastung	
		M_b	M_c		M_b	M_c
1:2,75:1	M_{ba}	M_{ba} / $-0{,}691$	M_{cb} / $-0{,}113$	$q_1 l_1^2$	$-0{,}0387$	$+0{,}0141$
	$M_{ba}-M_{bc}$	$-0{,}691$	$-0{,}113$	$q_2 l_2^2$	$-0{,}0670$	$-0{,}0670$
	$M_{cb}-M_{cd}$	$+0{,}113$	$-0{,}309$	$q_3 l_3^2$	$+0{,}0141$	$-0{,}0387$
1:2,75:1,2	M_{ba}	M_{ba} /	M_{cb} /	$q_1 l_1^2$	$-0{,}0383$	$+0{,}0134$
	$M_{ba}-M_{bc}$	$-0{,}693$	$-0{,}107$	$q_2 l_2^2$	$-0{,}0685$	$-0{,}0632$
	$M_{cb}-M_{cd}$	$+0{,}128$	$-0{,}348$	$q_3 l_3^2$	$+0{,}0160$	$-0{,}0435$
1:2,75:1,4	M_{ba}			$q_1 l_1^2$	$-0{,}0381$	$+0{,}0127$
	$M_{ba}-M_{bc}$	$-0{,}695$	$-0{,}102$	$q_2 l_2^2$	$-0{,}0696$	$-0{,}0598$
	$M_{cb}-M_{cd}$	$+0{,}141$	$-0{,}384$	$q_3 l_3^2$	$+0{,}0176$	$-0{,}0480$
1:2,75:1,6	M_{ba}			$q_1 l_1^2$	$-0{,}0377$	$+0{,}0119$
	$M_{ba}-M_{bc}$	$-0{,}698$	$-0{,}095$	$q_2 l_2^2$	$-0{,}0709$	$-0{,}0565$
	$M_{cb}-M_{cd}$	$+0{,}153$	$-0{,}416$	$q_3 l_3^2$	$+0{,}0191$	$-0{,}0520$
1:2,75:1,8	M_{ba}			$q_1 l_1^2$	$-0{,}0375$	$+0{,}0114$
	$M_{ba}-M_{bc}$	$-0{,}700$	$-0{,}091$	$q_2 l_2^2$	$-0{,}0719$	$-0{,}0538$
	$M_{cb}-M_{cd}$	$+0{,}163$	$-0{,}445$	$q_3 l_3^2$	$+0{,}0204$	$-0{,}0556$
1:2,75:2	M_{ba}			$q_1 l_1^2$	$-0{,}0373$	$+0{,}0109$
	$M_{ba}-M_{bc}$	$-0{,}702$	$-0{,}087$	$q_2 l_2^2$	$-0{,}0729$	$-0{,}0512$
	$M_{cb}-M_{cd}$	$+0{,}173$	$-0{,}472$	$q_3 l_3^2$	$+0{,}0216$	$-0{,}0590$
1:2,75:2,25	M_{ba}			$q_1 l_1^2$	$-0{,}0372$	$+0{,}0101$
	$M_{ba}-M_{bc}$	$-0{,}703$	$-0{,}081$	$q_2 l_2^2$	$-0{,}0739$	$-0{,}0484$
	$M_{cb}-M_{cd}$	$+0{,}184$	$-0{,}501$	$q_3 l_3^2$	$+0{,}0230$	$-0{,}0626$
1:2,75:2,5	M_{ba}			$q_1 l_1^2$	$-0{,}0371$	$+0{,}0098$
	$M_{ba}-M_{bc}$	$-0{,}704$	$-0{,}078$	$q_2 l_2^2$	$-0{,}0748$	$-0{,}0459$
	$M_{cb}-M_{cd}$	$+0{,}193$	$-0{,}527$	$q_3 l_3^2$	$+0{,}0241$	$-0{,}0659$
1:2,75:2,75	M_{ba}			$q_1 l_1^2$	$-0{,}0366$	$+0{,}0091$
	$M_{ba}-M_{bc}$	$-0{,}707$	$-0{,}073$	$q_2 l_2^2$	$-0{,}0757$	$-0{,}0435$
	$M_{cb}-M_{cd}$	$+0{,}202$	$-0{,}551$	$q_3 l_3^2$	$+0{,}0252$	$-0{,}0688$
1:2,75:3	M_{ba}			$q_1 l_1^2$	$-0{,}0365$	$+0{,}0088$
	$M_{ba}-M_{bc}$	$-0{,}708$	$-0{,}070$	$q_2 l_2^2$	$-0{,}0765$	$-0{,}0414$
	$M_{cb}-M_{cd}$	$+0{,}210$	$-0{,}572$	$q_3 l_3^2$	$+0{,}0263$	$-0{,}0715$

Tafel 11

$l_1':l_2':l_3'$	Beliebige Belastung			Gleichm. vert. Belastung		
		M_b	M_c		M_b	M_c
		M_{ba}	M_{cb}	$q_1 l_1^2$	$-0,0364$	$+0,0136$
1:3:1	$M_{ba}-M_{bc}$	$-0,709$	$-0,109$	$q_2 l_2^2$	$-0,0682$	$-0,0682$
	$M_{cb}-M_{cd}$	$+0,109$	$-0,291$	$q_3 l_3^2$	$+0,0136$	$-0,0364$
		M_{ba}	M_{cb}	$q_1 l_1^2$	$-0,0362$	$+0,0129$
1:3:1,2	$M_{ba}-M_{bc}$	$-0,711$	$-0,103$	$q_2 l_2^2$	$-0,0696$	$-0,0644$
	$M_{cb}-M_{cd}$	$+0,124$	$-0,330$	$q_3 l_3^2$	$+0,0155$	$-0,0412$
		M_{ba}	M_{cb}	$q_1 l_1^2$	$-0,0358$	$+0,0123$
1:3:1,4	$M_{ba}-M_{bc}$	$-0,713$	$-0,098$	$q_2 l_2^2$	$-0,0708$	$-0,0612$
	$M_{cb}-M_{cd}$	$+0,137$	$-0,364$	$q_3 l_3^2$	$+0,0171$	$-0,0455$
		M_{ba}	M_{cb}	$q_1 l_1^2$	$-0,0358$	$+0,0116$
1:3:1,6	$M_{ba}-M_{bc}$	$-0,714$	$-0,093$	$q_2 l_2^2$	$-0,0719$	$-0,0579$
	$M_{cb}-M_{cd}$	$+0,149$	$-0,397$	$q_3 l_3^2$	$+0,0186$	$-0,0496$
		M_{ba}	M_{cb}	$q_1 l_1^2$	$-0,0355$	$+0,0111$
1:3:1,8	$M_{ba}-M_{bc}$	$-0,716$	$-0,089$	$q_2 l_2^2$	$-0,0730$	$-0,0553$
	$M_{cb}-M_{cd}$	$+0,159$	$-0,424$	$q_3 l_3^2$	$+0,0199$	$-0,0530$
		M_{ba}	M_{cb}	$q_1 l_1^2$	$-0,0353$	$+0,0106$
1:3:2	$M_{ba}-M_{bc}$	-0.718	$-0,085$	$q_2 l_2^2$	$-0,0739$	$-0,0529$
	$M_{cb}-M_{cd}$	$+0,169$	$-0,450$	$q_3 l_3^2$	$+0,0211$	$-0,0562$
		M_{ba}	M_{cb}	$q_1 l_1^2$	$-0,0350$	$+0,0100$
1:3:2,25	$M_{ba}-M_{bc}$	$-0,720$	$-0,080$	$q_2 l_2^2$	$-0,0750$	$-0,0500$
	$M_{cb}-M_{cd}$	$+0,180$	$-0,480$	$q_3 l_3^2$	$+0,0225$	$-0,0600$
		M_{ba}	M_{cb}	$q_1 l_1^2$	$-0,0349$	$+0,0095$
1:3:2,5	$M_{ba}-M_{bc}$	$-0,721$	$-0,076$	$q_2 l_2^2$	$-0,0759$	$-0,0474$
	$M_{cb}-M_{cd}$	$+0,190$	$-0,506$	$q_3 l_3^2$	$+0,0238$	$-0,0632$
		M_{ba}	M_{cb}	$q_1 l_1^2$	$-0,0346$	$+0,0090$
1:3:2,75	$M_{ba}-M_{bc}$	$-0,723$	$-0,072$	$q_2 l_2^2$	$-0,0769$	$-0,0451$
	$M_{cb}-M_{cd}$	$+0,199$	$-0,530$	$q_3 l_3^2$	$+0,0249$	$-0,0662$
		M_{ba}	M_{cb}	$q_1 l_1^2$	$-0,0346$	$+0,0086$
1:3:3	$M_{ba}-M_{bc}$	$-0,723$	$-0,069$	$q_2 l_2^2$	$-0,0775$	$-0,0432$
	$M_{cb}-M_{cd}$	$+0,207$	$-0,551$	$q_3 l_3^2$	$+0,0259$	$-0,0689$

Tafel 12

$l_1':l_2':l_3'$	Beliebige Belastung			Gleichm. vert. Belastung		
		M_b	M_c		M_b	M_c
	M_{ba}	M_{ba}	M_{cb}	$q_1 l_1^2$	$-0,0719$	$+0,0164$
$1,2:1:1,2$	$M_{ba}-M_{bc}$	$-0,425$	$-0,131$	$q_2 l_2^2$	$-0,0463$	$-0,0463$
	$M_{cb}-M_{cd}$	$+0,131$	$-0,575$	$q_3 l_3^2$	$+0,0164$	$-0,0719$
		M_{ba}	M_{cb}	$q_1 l_1^2$	$-0,0766$	$+0,0176$
$1,4:1:1,2$	$M_{ba}-M_{bc}$	$-0,387$	$-0,141$	$q_2 l_2^2$	$-0,0421$	$-0,0475$
	$M_{cb}-M_{cd}$	$+0,119$	$-0,572$	$q_3 l_3^2$	$+0,0149$	$-0,0714$
		M_{ba}	M_{cb}	$q_1 l_1^2$	$-0,0762$	$+0,0159$
$1,4:1:1,4$	$M_{ba}-M_{bc}$	$-0,390$	$-0,127$	$q_2 l_2^2$	$-0,0431$	$-0,0431$
	$M_{cb}-M_{cd}$	$+0,127$	$-0,610$	$q_3 l_3^2$	$+0,0159$	$-0,0762$
		M_{ba}	M_{cb}	$q_1 l_1^2$	$-0,0802$	$+0,0184$
$1,6:1:1,2$	$M_{ba}-M_{bc}$	$-0,358$	$-0,147$	$q_2 l_2^2$	$-0,0390$	$-0,0481$
	$M_{cb}-M_{cd}$	$+0,110$	$-0,570$	$q_3 l_3^2$	$+0,0138$	$-0,0712$
		M_{ba}	M_{cb}	$q_1 l_1^2$	$-0,0799$	$+0,0168$
$1,6:1:1,4$	$M_{ba}-M_{bc}$	$-0,361$	$-0,134$	$q_2 l_2^2$	$-0,0399$	$-0,0439$
	$M_{cb}-M_{cd}$	$+0,118$	$-0,607$	$q_3 l_3^2$	$+0,0148$	$-0,0759$
		M_{ba}	M_{cb}	$q_1 l_1^2$	$-0,0797$	$+0,0155$
$1,6:1:1,6$	$M_{ba}-M_{bc}$	$-0,362$	$-0,124$	$q_2 l_2^2$	$-0,0405$	$-0,0405$
	$M_{cb}-M_{cd}$	$+0,124$	$-0,638$	$q_3 l_3^2$	$+0,0155$	$-0,0797$
		M_{ba}	M_{cb}	$q_1 l_1^2$	$-0,0837$	$+0,0190$
$1,8:1:1,2$	$M_{ba}-M_{bc}$	$-0,330$	$-0,152$	$q_2 l_2^2$	$-0,0360$	$-0,0486$
	$M_{cb}-M_{cd}$	$+0,102$	$-0,568$	$q_3 l_3^2$	$+0,0128$	$-0,0710$
		M_{ba}	M_{cb}	$q_1 l_1^2$	$-0,0833$	$+0,0174$
$1,8:1:1,4$	$M_{ba}-M_{bc}$	$-0,333$	$-0,139$	$q_2 l_2^2$	$-0,0369$	$-0,0444$
	$M_{cb}-M_{cd}$	$+0,109$	$-0,606$	$q_3 l_3^2$	$+0,0136$	$-0,0757$
		M_{ba}	M_{cb}	$q_1 l_1^2$	$-0,0832$	$+0,0161$
$1,8:1:1,6$	$M_{ba}-M_{bc}$	$-0,335$	$-0,129$	$q_2 l_2^2$	$-0,0374$	$-0,0411$
	$M_{cb}-M_{cd}$	$+0,114$	$-0,636$	$q_3 l_3^2$	$+0,0143$	$-0,0795$
		M_{ba}	M_{cb}	$q_1 l_1^2$	$-0,0829$	$+0,0149$
$1.8:1:1,8$	$M_{ba}-M_{bc}$	$-0,337$	$-0,119$	$q_2 l_2^2$	$-0,0380$	$-0,0380$
	$M_{cb}-M_{cd}$	$+0,119$	$-0,663$	$q_3 l_3^2$	$+0,0149$	$-0,0829$

Tafel 13

$l_1':l_2':l_3'$	Beliebige Belastung			Gleichm. vert. Belastung		
		M_b	M_c		M_b	M_c
	M_{ba}	M_{ba}	M_{cb}	$q_1 l_1^2$	$-0{,}0864$	$+0{,}0198$
$2:1:1{,}2$	$M_{ba}-M_{bc}$	$-0{,}309$	$-0{,}158$	$q_2 l_2^2$	$-0{,}0337$	$-0{,}0493$
	$M_{cb}-M_{cd}$	$+0{,}095$	$-0{,}566$	$q_3 l_3^2$	$+0{,}0119$	$-0{,}0708$
		M_{ba}	M_{cb}	$q_1 l_1^2$	$-0{,}0862$	$+0{,}0180$
$2:1:1{,}4$	$M_{ba}-M_{bc}$	$-0{,}311$	$-0{,}144$	$q_2 l_2^2$	$-0{,}0343$	$-0{,}0450$
	$M_{cb}-M_{cd}$	$+0{,}101$	$-0{,}604$	$q_3 l_3^2$	$+0{,}0126$	$-0{,}0755$
		M_{ba}	M_{cb}	$q_1 l_1^2$	$-0{,}0860$	$+0{,}0165$
$2:1:1{,}6$	$M_{ba}-M_{bc}$	$-0{,}312$	$-0{,}132$	$q_2 l_2^2$	$-0{,}0348$	$-0{,}0414$
	$M_{cb}-M_{cd}$	$+0{,}106$	$-0{,}635$	$q_3 l_3^2$	$+0{,}0133$	$-0{,}0794$
		M_{ba}	M_{cb}	$q_1 l_1^2$	$-0{,}0858$	$+0{,}0154$
$2:1:1{,}8$	$M_{ba}-M_{bc}$	$-0{,}314$	$-0{,}123$	$q_2 l_2^2$	$-0{,}0355$	$-0{,}0384$
	$M_{cb}-M_{cd}$	$+0{,}111$	$-0{,}662$	$q_3 l_3^2$	$+0{,}0139$	$-0{,}0827$
		M_{ba}	M_{cb}	$q_1 l_1^2$	$-0{,}0857$	$+0{,}0143$
$2:1:2$	$M_{ba}-M_{bc}$	$-0{,}315$	$-0{,}114$	$q_2 l_2^2$	$-0{,}0357$	$-0{,}0357$
	$M_{cb}-M_{cd}$	$+0{,}114$	$-0{,}685$	$q_3 l_3^2$	$+0{,}0143$	$-0{,}0857$
		M_{ba}	M_{cb}	$q_1 l_1^2$	$-0{,}0895$	$+0{,}0204$
$2{,}25:1:1{,}2$	$M_{ba}-M_{bc}$	$-0{,}284$	$-0{,}163$	$q_2 l_2^2$	$-0{,}0309$	$-0{,}0498$
	$M_{cb}-M_{cd}$	$+0{,}087$	$-0{,}565$	$q_3 l_3^2$	$+0{,}0109$	$-0{,}0706$
		M_{ba}	M_{cb}	$q_1 l_1^2$	$-0{,}0892$	$+0{,}0186$
$2{,}25:1:1{,}4$	$M_{ba}-M_{bc}$	$-0{,}286$	$-0{,}149$	$q_2 l_2^2$	$-0{,}0316$	$-0{,}0454$
	$M_{cb}-M_{cd}$	$+0{,}093$	$-0{,}603$	$q_3 l_3^2$	$+0{,}0116$	$-0{,}0754$
		M_{ba}	M_{cb}	$q_1 l_1^2$	$-0{,}0891$	$+0{,}0171$
$2{,}25:1:1{,}6$	$M_{ba}-M_{bc}$	$-0{,}287$	$-0{,}137$	$q_2 l_2^2$	$-0{,}0322$	$-0{,}0419$
	$M_{cb}-M_{cd}$	$+0{,}098$	$-0{,}634$	$q_3 l_3^2$	$+0{,}0123$	$-0{,}0793$
		M_{ba}	M_{cb}	$q_1 l_1^2$	$-0{,}0890$	$+0{,}0159$
$2{,}25:1:1{,}8$	$M_{ba}-M_{bc}$	$-0{,}288$	$-0{,}127$	$q_2 l_2^2$	$-0{,}0325$	$-0{,}0388$
	$M_{cb}-M_{cd}$	$+0{,}102$	$-0{,}661$	$q_3 l_3^2$	$+0{,}0127$	$-0{,}0826$
		M_{ba}	M_{cb}	$q_1 l_1^2$	$-0{,}0888$	$+0{,}0149$
$2{,}25:1:2$	$M_{ba}-M_{bc}$	$-0{,}290$	$-0{,}119$	$q_2 l_2^2$	$-0{,}0329$	$-0{,}0362$
	$M_{cb}-M_{cd}$	$+0{,}105$	$-0{,}684$	$q_3 l_3^2$	$+0{,}0131$	$-0{,}0855$
		M_{ba}	M_{cb}	$q_1 l_1^2$	$-0{,}0886$	$+0{,}0136$
$2{,}25:1:2{,}25$	$M_{ba}-M_{bc}$	$-0{,}291$	$-0{,}109$	$q_2 l_2^2$	$-0{,}0333$	$-0{,}0333$
	$M_{cb}-M_{cd}$	$+0{,}109$	$-0{,}709$	$q_3 l_3^2$	$+0{,}0136$	$-0{,}0886$

Tafel 14

$l_1':l_2':l_3'$	Beliebige Belastung			Gleichm. vert. Belastung		
		M_b	M_c		M_b	M_c
	M_{ba}	M_{ba}	M_{cb}	$q_1 l_1^2$	$-0{,}0924$	$+0{,}0210$
$2{,}5:1:1{,}2$	$M_{ba}-M_{bc}$	$-0{,}261$	$-0{,}168$	$q_2 l_2^2$	$-0{,}0285$	$-0{,}0504$
	$M_{cb}-M_{cd}$	$+0{,}080$	$-0{,}563$	$q_3 l_3^2$	$+0{,}0100$	$-0{,}0703$
		M_{ba}	M_{cb}	$q_1 l_1^2$	$-0{,}0920$	$+0{,}0192$
$2{,}5:1:1{,}4$	$M_{ba}-M_{bc}$	$-0{,}264$	$-0{,}154$	$q_2 l_2^2$	$-0{,}0292$	$-0{,}0462$
	$M_{cb}-M_{cd}$	$+0{,}086$	$-0{,}601$	$q_3 l_3^2$	$+0{,}0107$	$-0{,}0751$
		M_{ba}	M_{cb}	$q_1 l_1^2$	$-0{,}0918$	$+0{,}0176$
$2{,}5:1:1{,}6$	$M_{ba}-M_{bc}$	$-0{,}266$	$-0{,}141$	$q_2 l_2^2$	$-0{,}0298$	$-0{,}0423$
	$M_{cb}-M_{cd}$	$+0{,}091$	$-0{,}633$	$q_3 l_3^2$	$+0{,}0114$	$-0{,}0791$
		M_{ba}	M_{cb}	$q_1 l_1^2$	$-0{,}0916$	$+0{,}0164$
$2{,}5:1:1{,}8$	$M_{ba}-M_{bc}$	$-0{,}267$	$-0{,}131$	$q_2 l_2^2$	$-0{,}0300$	$-0{,}0393$
	$M_{cb}-M_{cd}$	$+0{,}094$	$-0{,}659$	$q_3 l_3^2$	$+0{,}0118$	$-0{,}0823$
		M_{ba}	M_{cb}	$q_1 l_1^2$	$-0{,}0914$	$+0{,}0153$
$2{,}5:1:2$	$M_{ba}-M_{bc}$	$-0{,}269$	$-0{,}122$	$q_2 l_2^2$	$-0{,}0306$	$-0{,}0365$
	$M_{cb}-M_{cd}$	$+0{,}098$	$-0{,}683$	$q_3 l_3^2$	$+0{,}0123$	$-0{,}0854$
		M_{ba}	M_{cb}	$q_1 l_1^2$	$-0{,}0912$	$+0{,}0140$
$2{,}5:1:2{,}25$	$M_{ba}-M_{bc}$	$-0{,}271$	$-0{,}112$	$q_2 l_2^2$	$-0{,}0311$	$-0{,}0336$
	$M_{cb}-M_{cd}$	$+0{,}102$	$-0{,}708$	$q_3 l_3^2$	$+0{,}0127$	$-0{,}0885$
		M_{ba}	M_{cb}	$q_1 l_1^2$	$-0{,}0912$	$+0{,}0130$
$2{,}5:1:2{,}5$	$M_{ba}-M_{bc}$	$-0{,}271$	$-0{,}104$	$q_2 l_2^2$	$-0{,}0313$	$-0{,}0313$
	$M_{cb}-M_{cd}$	$+0{,}104$	$-0{,}729$	$q_3 l_3^2$	$+0{,}0130$	$-0{,}0912$

Tafel 15

$l'_1:l'_2:l'_3$	Beliebige Belastung			Gleichm. vert. Belastung		
		M_b	M_c		M_b	M_c
		M_{ba}	M_{cb}	$q_1 l_1^2$	−0,0946	+0,0214
2,75:1:1,2	$M_{ba}-M_{bc}$	−0,243	−0,171	$q_2 l_2^2$	−0,0265	−0,0508
	$M_{cb}-M_{cd}$	+0,075	−0,562	$q_3 l_3^2$	+0,0094	−0,0702
		M_{ba}	M_{cb}	$q_1 l_1^2$	−0,0943	+0,0196
2,75:1:1,4	$M_{ba}-M_{bc}$	−0,246	−0,157	$q_2 l_2^2$	−0,0272	−0,0464
	$M_{cb}-M_{cd}$	+0,080	−0,600	$q_3 l_3^2$	+0,0100	−0,0750
		M_{ba}	M_{cb}	$q_1 l_1^2$	−0,0940	+0,0180
2,75:1:1,6	$M_{ba}-M_{bc}$	−0,248	−0,144	$q_2 l_2^2$	−0,0278	−0,0426
	$M_{cb}-M_{cd}$	+0,085	−0,632	$q_3 l_3^2$	+0,0106	−0,0790
		M_{ba}	M_{cb}	$q_1 l_1^2$	−0,0939	+0,0168
2,75:1:1,8	$M_{ba}-M_{bc}$	−0,249	−0,134	$q_2 l_2^2$	−0,0281	−0,0396
	$M_{cb}-M_{cd}$	+0,088	−0,658	$q_3 l_3^2$	+0,0110	−0,0822
		M_{ba}	M_{cb}	$q_1 l_1^2$	−0,0936	+0,0155
2,75:1:2	$M_{ba}-M_{bc}$	−0,251	−0,124	$q_2 l_2^2$	−0,0285	−0,0368
	$M_{cb}-M_{cd}$	+0,091	−0,682	$q_3 l_3^2$	+0,0114	−0,0852
		M_{ba}	M_{cb}	$q_1 l_1^2$	−0,0935	+0,0144
2,75:1:2,25	$M_{ba}-M_{bc}$	−0,252	−0,115	$q_2 l_2^2$	−0,0289	−0,0340
	$M_{cb}-M_{cd}$	+0,095	−0,707	$q_3 l_3^2$	+0,0119	−0,0883
		M_{ba}	M_{cb}	$q_1 l_1^2$	−0,0935	+0,0135
2,75:1:2,5	$M_{ba}-M_{bc}$	−0,252	−0,108	$q_2 l_2^2$	−0,0291	−0,0317
	$M_{cb}-M_{cd}$	+0,097	−0,727	$q_3 l_3^2$	+0,0121	−0,0908
		M_{ba}	M_{cb}	$q_1 l_1^2$	−0,0934	+0,0124
2,75:1:2,75	$M_{ba}-M_{bc}$	−0,253	−0,099	$q_2 l_2^2$	−0,0293	−0,0293
	$M_{cb}-M_{cd}$	+0,099	−0,747	$q_3 l_3^2$	+0,0124	−0,0934

Tafel 16

$l_1':l_2':l_3'$	Beliebige Belastung			Gleichm. vert. Belastung		
		M_b	M_c		M_b	M_c
	M_{ba}	M_{ba}	M_{cb}	$q_1 l_1^2$	$-0,0965$	$+0,0219$
$3:1:1,2$	$M_{ba}-M_{bc}$	$-0,228$	$-0,175$	$q_2 l_2^2$	$-0,0248$	$-0,0512$
	$M_{cb}-M_{cd}$	$+0,070$	$-0,561$	$q_3 l_3^2$	$+0,0088$	$-0,0701$
	M_{ba}	M_{ba}	M_{cb}	$q_1 l_1^2$	$-0,0963$	$+0,0200$
$3:1:1,4$	$M_{ba}-M_{bc}$	$-0,230$	$-0,160$	$q_2 l_2^2$	$-0,0255$	$-0,0467$
	$M_{cb}-M_{cd}$	$+0,075$	$-0,599$	$q_3 l_3^2$	$+0,0094$	$-0,0748$
	M_{ba}	M_{ba}	M_{cb}	$q_1 l_1^2$	$-0,0960$	$+0,0186$
$3:1:1,6$	$M_{ba}-M_{bc}$	$-0,232$	$-0,149$	$q_2 l_2^2$	$-0,0259$	$-0,0432$
	$M_{cb}-M_{cd}$	$+0,079$	$-0,630$	$q_3 l_3^2$	$+0,0099$	$-0,0787$
	M_{ba}	M_{ba}	M_{cb}	$q_1 l_1^2$	$-0,0959$	$+0,0171$
$3:1:1,8$	$M_{ba}-M_{bc}$	$-0,233$	$-0,137$	$q_2 l_2^2$	$-0,0262$	$-0,0399$
	$M_{cb}-M_{cd}$	$+0,082$	$-0,657$	$q_3 l_3^2$	$+0,0102$	$-0,0821$
	M_{ba}	M_{ba}	M_{cb}	$q_1 l_1^2$	$-0,0957$	$+0,0160$
$3:1:2$	$M_{ba}-M_{bc}$	$-0,234$	$-0,128$	$q_2 l_2^2$	$-0,0266$	$-0,0373$
	$M_{cb}-M_{cd}$	$+0,085$	$-0,680$	$q_3 l_3^2$	$+0,0106$	$-0,0850$
	M_{ba}	M_{ba}	M_{cb}	$q_1 l_1^2$	$-0,0955$	$+0,0148$
$3:1:2,25$	$M_{ba}-M_{bc}$	$-0,236$	$-0,118$	$q_2 l_2^2$	$-0,0271$	$-0,0343$
	$M_{cb}-M_{cd}$	$+0,089$	$-0,706$	$q_3 l_3^2$	$+0,0112$	$-0,0882$
	M_{ba}	M_{ba}	M_{cb}	$q_1 l_1^2$	$-0,0954$	$+0,0135$
$3:1:2,5$	$M_{ba}-M_{bc}$	$-0,237$	$-0,108$	$q_2 l_2^2$	$-0,0274$	$-0,0317$
	$M_{cb}-M_{cd}$	$+0,091$	$-0,727$	$q_3 l_3^2$	$+0,0114$	$-0,0909$
	M_{ba}	M_{ba}	M_{cb}	$q_1 l_1^2$	$-0,0954$	$+0,0128$
$3:1:2,75$	$M_{ba}-M_{bc}$	$-0,237$	$-0,102$	$q_2 l_2^2$	$-0,0276$	$-0,0296$
	$M_{cb}-M_{cd}$	$+0,093$	$-0,746$	$q_3 l_3^2$	$+0,0116$	$-0,0933$
	M_{ba}	M_{ba}	M_{cb}	$q_1 l_1^2$	$-0,0953$	$+0,0119$
$3:1:3$	$M_{ba}-M_{bc}$	$-0,238$	$-0,095$	$q_2 l_2^2$	$-0,0277$	$-0,0277$
	$M_{cb}-M_{cd}$	$+0,095$	$-0,762$	$q_3 l_3^2$	$+0,0119$	$-0,0953$

7. Tafeln für Vierfeldträger

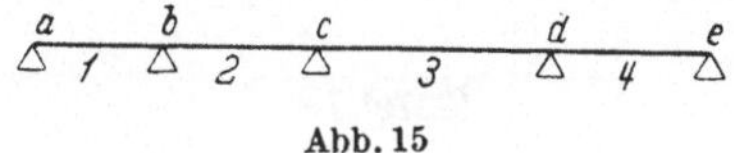

Abb. 15

Tafel 17

$l'_1 : l'_2 : l'_3 : l'_4$	Beliebige Belastung				Gleichmäßig verteilte Belastung		
		M_b	M_c	M_d		M_b	M_c	M_d
	M_{ba}	M_{cb}	M_{dc}	$q_1 l_1^2$	$-0,0670$	$+0,0179$	$-0,0045$
1:1:1:1	$M_{ba}-M_{bc}$	$-0,464$	$-0,143$	$+0,036$	$q_2 l_2^2$	$-0,0491$	$-0,0536$	$+0,0134$
	$M_{cb}-M_{cd}$	$+0,125$	$-0,500$	$-0,125$	$q_3 l_3^2$	$+0,0134$	$-0,0536$	$-0,0491$
	$M_{dc}-M_{de}$	$-0,036$	$+0,143$	$-0,536$	$q_4 l_4^2$	$-0,0045$	$+0,0179$	$-0,0670$
	M_{ba}	M_{cb}	M_{dc}	$q_1 l_1^2$	$-0,0668$	$+0,0177$	$-0,0041$
1:1:1:1,2	$M_{ba}-M_{bc}$	$-0,465$	$-0,142$	$+0,033$	$q_2 l_2^2$	$-0,0493$	$-0,0532$	$+0,0122$
	$M_{cb}-M_{cd}$	$+0,126$	$-0,503$	$-0,114$	$q_3 l_3^2$	$+0,0137$	$-0,0548$	$-0,0445$
	$M_{dc}-M_{de}$	$-0,039$	$+0,155$	$-0,580$	$q_4 l_4^2$	$-0,0048$	$+0,0194$	$-0,0725$
	M_{ba}	M_{cb}	M_{dc}	$q_1 l_1^2$	$-0,0667$	$+0,0176$	$-0,0038$
1:1:1:1,4	$M_{ba}-M_{bc}$	$-0,466$	$-0,141$	$+0,030$	$q_2 l_2^2$	$-0,0494$	$-0,0529$	$+0,0111$
	$M_{cb}-M_{cd}$	$+0,127$	$-0,506$	$-0,103$	$q_3 l_3^2$	$+0,0140$	$-0,0558$	$-0,0405$
	$M_{dc}-M_{de}$	$-0,041$	$+0,165$	$-0,617$	$q_4 l_4^2$	$-0,0051$	$+0,0206$	$-0,0771$
	M_{ba}	M_{cb}	M_{dc}	$q_1 l_1^2$	$-0,0667$	$+0,0176$	$-0,0035$
1:1:1:1,6	$M_{ba}-M_{bc}$	$-0,466$	$-0,141$	$+0,028$	$q_2 l_2^2$	$-0,0494$	$-0,0527$	$+0,0102$
	$M_{cb}-M_{cd}$	$+0,127$	$-0,508$	$-0,095$	$q_3 l_3^2$	$+0,0142$	$-0,0567$	$-0,0371$
	$M_{dc}-M_{de}$	$-0,043$	$+0,173$	$-0,649$	$q_4 l_4^2$	$-0,0054$	$+0,0216$	$-0,0811$
	M_{ba}	M_{cb}	M_{dc}	$q_1 l_1^2$	$-0,0667$	$+0,0176$	$-0,0033$
1:1:1:1,8	$M_{ba}-M_{bc}$	$-0,466$	$-0,141$	$+0,026$	$q_2 l_2^2$	$-0,0494$	$-0,0525$	$+0,0094$
	$M_{cb}-M_{cd}$	$+0,127$	$-0,510$	$-0,087$	$q_3 l_3^2$	$+0,0143$	$-0,0575$	$-0,0343$
	$M_{dc}-M_{de}$	$-0,045$	$+0,180$	$-0,675$	$q_4 l_4^2$	$-0,0056$	$+0,0225$	$-0,0844$
	M_{ba}	M_{cb}	M_{dc}	$q_1 l_1^2$	$-0,0667$	$+0,0176$	$-0,0030$
1:1:1:2	$M_{ba}-M_{bc}$	$-0,466$	$-0,141$	$+0,024$	$q_2 l_2^2$	$-0,0495$	$-0,0524$	$+0,0088$
	$M_{cb}-M_{cd}$	$+0,128$	$-0,511$	$-0,082$	$q_3 l_3^2$	$+0,0146$	$-0,0581$	$-0,0320$
	$M_{dc}-M_{de}$	$-0,047$	$+0,186$	$-0,697$	$q_4 l_4^2$	$-0,0059$	$+0,0233$	$-0,0872$

Tafel 18

$l'_1:l'_2:l'_3:l'_4$		Beliebige Belastung				Gleichmäßig verteilte Belastung		
		M_b	M_c	M_d		M_b	M_c	M_d
		M_{ba}	M_{cb}	M_{dc}	$q_1 l_1^2$	$-0{,}0617$	$+0{,}0180$	$-0{,}0046$
$1:1{,}2:1:1$	$M_{ba}-M_{bc}$	$-0{,}506$	$-0{,}144$	$+0{,}037$	$q_2 l_2^2$	$-0{,}0526$	$-0{,}0573$	$+0{,}0144$
	$M_{cb}-M_{cd}$	$+0{,}125$	$-0{,}456$	$-0{,}136$	$q_3 l_3^2$	$+0{,}0134$	$-0{,}0483$	$-0{,}0503$
	$M_{dc}-M_{de}$	$-0{,}036$	$+0{,}130$	$-0{,}532$	$q_4 l_4^2$	$-0{,}0045$	$+0{,}0163$	$-0{,}0665$
		M_{ba}	M_{cb}	M_{dc}	$q_1 l_1^2$	$-0{,}0616$	$+0{,}0179$	$-0{,}0041$
$1:1{,}2:1:1{,}2$	$M_{ba}-M_{bc}$	$-0{,}507$	$-0{,}143$	$+0{,}033$	$q_2 l_2^2$	$-0{,}0527$	$-0{,}0569$	$+0{,}0129$
	$M_{cb}-M_{cd}$	$+0{,}125$	$-0{,}460$	$-0{,}123$	$q_3 l_3^2$	$+0{,}0137$	$-0{,}0501$	$-0{,}0455$
	$M_{dc}-M_{de}$	$-0{,}039$	$+0{,}142$	$-0{,}577$	$q_4 l_4^2$	$-0{,}0049$	$+0{,}0177$	$-0{,}0721$
		M_{ba}	M_{cb}	M_{dc}	$q_1 l_1^2$	$-0{,}0616$	$+0{,}0178$	$-0{,}0038$
$1:1{,}2:1:1{,}4$	$M_{ba}-M_{bc}$	$-0{,}507$	$-0{,}142$	$+0{,}030$	$q_2 l_2^2$	$-0{,}0527$	$-0{,}0565$	$+0{,}0118$
	$M_{cb}-M_{cd}$	$+0{,}126$	$-0{,}463$	$-0{,}112$	$q_3 l_3^2$	$+0{,}0139$	$-0{,}0512$	$-0{,}0414$
	$M_{dc}-M_{de}$	$-0{,}041$	$+0{,}151$	$-0{,}615$	$q_4 l_4^2$	$-0{,}0051$	$+0{,}0189$	$-0{,}0768$
		M_{ba}	M_{cb}	M_{dc}	$q_1 l_1^2$	$-0{,}0615$	$+0{,}0176$	$-0{,}0035$
$1:1{,}2:1:1{,}6$	$M_{ba}-M_{bc}$	$-0{,}508$	$-0{,}141$	$+0{,}028$	$q_2 l_2^2$	$-0{,}0529$	$-0{,}0563$	$+0{,}0109$
	$M_{cb}-M_{cd}$	$+0{,}127$	$-0{,}465$	$-0{,}103$	$q_3 l_3^2$	$+0{,}0142$	$-0{,}0519$	$-0{,}0381$
	$M_{dc}-M_{de}$	$-0{,}043$	$+0{,}159$	$-0{,}646$	$q_4 l_4^2$	$-0{,}0054$	$+0{,}0199$	$-0{,}0807$
		M_{ba}	M_{cb}	M_{dc}	$q_1 l_1^2$	$-0{,}0615$	$+0{,}0176$	$-0{,}0033$
$1:1{,}2:1:1{,}8$	$M_{ba}-M_{bc}$	$-0{,}508$	$-0{,}141$	$+0{,}026$	$q_2 l_2^2$	$-0{,}0530$	$-0{,}0561$	$+0{,}0102$
	$M_{cb}-M_{cd}$	$+0{,}128$	$-0{,}467$	$-0{,}096$	$q_3 l_3^2$	$+0{,}0144$	$-0{,}0526$	$-0{,}0353$
	$M_{dc}-M_{de}$	$-0{,}045$	$+0{,}165$	$-0{,}672$	$q_4 l_4^2$	$-0{,}0056$	$+0{,}0206$	$-0{,}0840$
		M_{ba}	M_{cb}	M_{dc}	$q_1 l_1^2$	$-0{,}0615$	$+0{,}0175$	$-0{,}0030$
$1:1{,}2:1:2$	$M_{ba}-M_{bc}$	$-0{,}508$	$-0{,}140$	$+0{,}024$	$q_2 l_2^2$	$-0{,}0530$	$-0{,}0559$	$+0{,}0094$
	$M_{cb}-M_{cd}$	$+0{,}129$	$-0{,}469$	$-0{,}089$	$q_3 l_3^2$	$+0{,}0146$	$-0{,}0533$	$-0{,}0329$
	$M_{dc}-M_{de}$	$-0{,}047$	$+0{,}171$	$-0{,}695$	$q_4 l_4^2$	$-0{,}0059$	$+0{,}0214$	$-0{,}0868$

Tafel 19

$l'_1:l'_2:l'_3:l'_4$		Beliebige Belastung				Gleichmäßig verteilte Belastung		
		M_b	M_c	M_d		M_b	M_c	M_d
		M_{ba}	M_{cb}	M_{dc}	$q_1 l_1^2$	$-0{,}0571$	$+0{,}0175$	$-0{,}0050$
$1:1{,}4:1:1$	$M_{ba}-M_{bc}$	$-0{,}543$	$-0{,}140$	$+0{,}040$	$q_2 l_2^2$	$-0{,}0555$	$-0{,}0597$	$+0{,}0155$
	$M_{cb}-M_{cd}$	$+0{,}124$	$-0{,}424$	$-0{,}146$	$q_3 l_3^2$	$+0{,}0132$	$-0{,}0454$	$-0{,}0514$
	$M_{dc}-M_{de}$	$-0{,}035$	$+0{,}121$	$-0{,}529$	$q_4 l_4^2$	$-0{,}0044$	$+0{,}0151$	$-0{,}0661$
		M_{ba}	M_{cb}	M_{dc}	$q_1 l_1^2$	$-0{,}0571$	$+0{,}0174$	$-0{,}0040$
$1:1{,}4:1:1{,}2$	$M_{ba}-M_{bc}$	$-0{,}543$	$-0{,}139$	$+0{,}032$	$q_2 l_2^2$	$-0{,}0556$	$-0{,}0594$	$+0{,}0135$
	$M_{cb}-M_{cd}$	$+0{,}125$	$-0{,}426$	$-0{,}130$	$q_3 l_3^2$	$+0{,}0137$	$-0{,}0464$	$-0{,}0462$
	$M_{dc}-M_{de}$	$-0{,}039$	$+0{,}131$	$-0{,}575$	$q_4 l_4^2$	$-0{,}0049$	$+0{,}0164$	$-0{,}0719$
		M_{ba}	M_{cb}	M_{dc}	$q_1 l_1^2$	$-0{,}0571$	$+0{,}0174$	$-0{,}0038$
$1:1{,}4:1:1{,}4$	$M_{ba}-M_{bc}$	$-0{,}543$	$-0{,}139$	$+0{,}030$	$q_2 l_2^2$	$-0{,}0556$	$-0{,}0592$	$+0{,}0125$
	$M_{cb}-M_{cd}$	$+0{,}125$	$-0{,}429$	$-0{,}120$	$q_3 l_3^2$	$+0{,}0138$	$-0{,}0474$	$-0{,}0423$
	$M_{dc}-M_{de}$	$-0{,}041$	$+0{,}140$	$-0{,}612$	$q_4 l_4^2$	$-0{,}0051$	$+0{,}0175$	$-0{,}0765$
		M_{ba}	M_{cb}	M_{dc}	$q_1 l_1^2$	$-0{,}0571$	$+0{,}0174$	$-0{,}0035$
$1:1{,}4:1:1{,}6$	$M_{ba}-M_{bc}$	$-0{,}543$	$-0{,}139$	$+0{,}028$	$q_2 l_2^2$	$-0{,}0557$	$-0{,}0589$	$+0{,}0114$
	$M_{cb}-M_{cd}$	$+0{,}126$	$-0{,}432$	$-0{,}109$	$q_3 l_3^2$	$+0{,}0141$	$-0{,}0482$	$-0{,}0388$
	$M_{dc}-M_{de}$	$-0{,}043$	$+0{,}147$	$-0{,}644$	$q_4 l_4^2$	$-0{,}0054$	$+0{,}0184$	$-0{,}0805$
		M_{ba}	M_{cb}	M_{dc}	$q_1 l_1^2$	$-0{,}0571$	$+0{,}0173$	$-0{,}0031$
$1:1{,}4:1:1{,}8$	$M_{ba}-M_{bc}$	$-0{,}543$	$-0{,}138$	$+0{,}025$	$q_2 l_2^2$	$-0{,}0558$	$-0{,}0586$	$+0{,}0106$
	$M_{cb}-M_{cd}$	$+0{,}127$	$-0{,}434$	$-0{,}102$	$q_3 l_3^2$	$+0{,}0143$	$-0{,}0490$	$-0{,}0360$
	$M_{dc}-M_{de}$	$-0{,}045$	$+0{,}153$	$-0{,}670$	$q_4 l_4^2$	$-0{,}0056$	$+0{,}0191$	$-0{,}0838$
		M_{ba}	M_{cb}	M_{dc}	$q_1 l_1^2$	$-0{,}0571$	$+0{,}0173$	$-0{,}0029$
$1:1{,}4:1:2$	$M_{ba}-M_{bc}$	$-0{,}543$	$-0{,}138$	$+0{,}023$	$q_2 l_2^2$	$-0{,}0558$	$-0{,}0586$	$+0{,}0097$
	$M_{cb}-M_{cd}$	$+0{,}127$	$-0{,}435$	$-0{,}094$	$q_3 l_3^2$	$+0{,}0144$	$-0{,}0494$	$-0{,}0334$
	$M_{dc}-M_{de}$	$-0{,}046$	$+0{,}158$	$-0{,}693$	$q_4 l_4^2$	$-0{,}0058$	$+0{,}0198$	$-0{,}0866$

Tafel 20

$l_1':l_2':l_3':l_4'$	Beliebige Belastung				Gleichmäßig verteilte Belastung			
		M_b	M_c	M_d		M_b	M_c	M_d
		M_{ba}	M_{cb}	M_{dc}	$q_1 l_1^2$	$-0,0535$	$+0,0173$	$-0,0044$
$1:1,6:1:1$	$M_{ba}-M_{bc}$	$-0,572$	$-0,138$	$+0,035$	$q_2 l_2^2$	$-0,0578$	$-0,0621$	$+0,0156$
	$M_{cb}-M_{cd}$	$+0,121$	$-0,393$	$-0,152$	$q_3 l_3^2$	$+0,0131$	$-0,0420$	$-0,0520$
	$M_{dc}-M_{de}$	$-0,035$	$+0,112$	$-0,528$	$q_4 l_4^2$	$-0,0044$	$+0,0140$	$-0,0660$
		M_{ba}	M_{cb}	M_{dc}	$q_1 l_1^2$	$-0,0535$	$+0,0173$	$-0,0040$
$1:1,6:1:1,2$	$M_{ba}-M_{bc}$	$-0,572$	$-0,138$	$+0,032$	$q_2 l_2^2$	$-0,0579$	$-0,0618$	$+0,0142$
	$M_{cb}-M_{cd}$	$+0,122$	$-0,396$	$-0,138$	$q_3 l_3^2$	$+0,0134$	$-0,0432$	$-0,0471$
	$M_{dc}-M_{de}$	$-0,038$	$+0,122$	$-0,572$	$q_4 l_4^2$	$-0,0048$	$+0,0152$	$-0,0715$
		M_{ba}	M_{cb}	M_{dc}	$q_1 l_1^2$	$-0,0534$	$+0,0171$	$-0,0036$
$1:1,6:1:1,4$	$M_{ba}-M_{bc}$	$-0,573$	$-0,137$	$+0,029$	$q_2 l_2^2$	$-0,0580$	$-0,0615$	$+0,0129$
	$M_{cb}-M_{cd}$	$+0,123$	$-0,398$	$-0,126$	$q_3 l_3^2$	$+0,0135$	$-0,0440$	$-0,0430$
	$M_{dc}-M_{de}$	$-0,040$	$+0,130$	$-0,610$	$q_4 l_4^2$	$-0,0050$	$+0,0162$	$-0,0762$
		M_{ba}	M_{cb}	M_{dc}	$q_1 l_1^2$	$-0,0534$	$+0,0171$	$-0,0034$
$1:1,6:1:1,6$	$M_{ba}-M_{bc}$	$-0,573$	$-0,137$	$+0,027$	$q_2 l_2^2$	$-0,0580$	$-0,0613$	$+0,0119$
	$M_{cb}-M_{cd}$	$+0,123$	$-0,401$	$-0,116$	$q_3 l_3^2$	$+0,0137$	$-0,0448$	$-0,0397$
	$M_{dc}-M_{de}$	$-0,042$	$+0,137$	$-0,641$	$q_4 l_4^2$	$-0,0053$	$+0,0171$	$-0,0800$
		M_{ba}	M_{cb}	M_{dc}	$q_1 l_1^2$	$-0,0534$	$+0,0171$	$-0,0031$
$1:1,6:1:1,8$	$M_{ba}-M_{bc}$	$-0,573$	$-0,137$	$+0,025$	$q_2 l_2^2$	$-0,0581$	$-0,0611$	$+0,0109$
	$M_{cb}-M_{cd}$	$+0,124$	$-0,403$	$-0,106$	$q_3 l_3^2$	$+0,0140$	$-0,0454$	$-0,0364$
	$M_{dc}-M_{de}$	$-0,044$	$+0,142$	$-0,668$	$q_4 l_4^2$	$-0,0055$	$+0,0177$	$-0,0835$
		M_{ba}	M_{cb}	M_{dc}	$q_1 l_1^2$	$-0,0534$	$+0,0170$	$-0,0029$
$1:1,6:1:2$	$M_{ba}-M_{bc}$	$-0,573$	$-0,136$	$+0,023$	$q_2 l_2^2$	$-0,0582$	$-0,0609$	$+0,0102$
	$M_{cb}-M_{cd}$	$+0,125$	$-0,404$	$-0,100$	$q_3 l_3^2$	$+0,0142$	$-0,0460$	$-0,0340$
	$M_{dc}-M_{de}$	$-0,045$	$+0,147$	$-0,691$	$q_4 l_4^2$	$-0,0056$	$+0,0184$	$-0,0863$

Tafel 21

$l'_1 : l'_2 : l'_3 : l'_4$	Beliebige Belastung				Gleichmäßig verteilte Belastung		
	M_b	M_c	M_d		M_b	M_c	M_d
	M_{ba}	M_{cb}	M_{dc}	$q_1 l_1^2$	$-0{,}0501$	$+0{,}0169$	$-0{,}0044$
$1:1{,}8:1:1$	$M_{ba}-M_{bc}$	$-0{,}599$	$-0{,}135$	$+0{,}035$	$q_2 l_2^2$	$-0{,}0597$	$-0{,}0640$	$+0{,}0162$
	$M_{cb}-M_{cd}$	$+0{,}119$	$-0{,}366$	$-0{,}159$	$q_3 l_3^2$	$+0{,}0127$	$-0{,}0392$	$-0{,}0527$
	$M_{dc}-M_{de}$	$-0{,}034$	$+0{,}104$	$-0{,}526$	$q_4 l_4^2$	$-0{,}0042$	$+0{,}0130$	$-0{,}0657$
	M_{ba}	M_{cb}	M_{dc}	$q_1 l_1^2$	$-0{,}0501$	$+0{,}0168$	$-0{,}0039$
$1:1{,}8:1:1{,}2$	$M_{ba}-M_{bc}$	$-0{,}599$	$-0{,}134$	$+0{,}031$	$q_2 l_2^2$	$-0{,}0597$	$-0{,}0638$	$+0{,}0145$
	$M_{cb}-M_{cd}$	$+0{,}119$	$-0{,}369$	$-0{,}143$	$q_3 l_3^2$	$+0{,}0130$	$-0{,}0401$	$-0{,}0476$
	$M_{dc}-M_{dc}$	$-0{,}037$	$+0{,}113$	$-0{,}571$	$q_4 l_4^2$	$-0{,}0046$	$+0{,}0141$	$-0{,}0714$
	M_{ba}	M_{cb}	M_{dc}	$q_1 l_1^2$	$-0{,}0500$	$+0{,}0166$	$-0{,}0035$
$1:1{,}8:1:1{,}4$	$M_{ba}-M_{bc}$	$-0{,}600$	$-0{,}133$	$+0{,}028$	$q_2 l_2^2$	$-0{,}0600$	$-0{,}0634$	$+0{,}0130$
	$M_{cb}-M_{cd}$	$+0{,}120$	$-0{,}372$	$-0{,}129$	$q_3 l_3^2$	$+0{,}0132$	$-0{,}0411$	$-0{,}0432$
	$M_{dc}-M_{de}$	$-0{,}039$	$+0{,}121$	$-0{,}609$	$q_4 l_4^2$	$-0{,}0049$	$+0{,}0151$	$-0{,}0761$
	M_{ba}	M_{cb}	M_{dc}	$q_1 l_1^2$	$-0{,}0500$	$+0{,}0166$	$-0{,}0032$
$1:1{,}8:1:1{,}6$	$M_{ba}-M_{bc}$	$-0{,}600$	$-0{,}133$	$+0{,}026$	$q_2 l_2^2$	$-0{,}0601$	$-0{,}0632$	$+0{,}0121$
	$M_{cb}-M_{cd}$	$+0{,}121$	$-0{,}375$	$-0{,}120$	$q_3 l_3^2$	$+0{,}0135$	$-0{,}0419$	$-0{,}0400$
	$M_{dc}-M_{de}$	$-0{,}041$	$+0{,}128$	$-0{,}640$	$q_4 l_4^2$	$-0{,}0051$	$+0{,}0160$	$-0{,}0800$
	M_{ba}	M_{cb}	M_{dc}	$q_1 l_1^2$	$-0{,}0500$	$+0{,}0165$	$-0{,}0030$
$1:1{,}8:1:1{,}8$	$M_{ba}-M_{bc}$	$-0{,}600$	$-0{,}132$	$+0{,}024$	$q_2 l_2^2$	$-0{,}0602$	$-0{,}0629$	$+0{,}0113$
	$M_{cb}-M_{cd}$	$+0{,}122$	$-0{,}377$	$-0{,}112$	$q_3 l_3^2$	$+0{,}0138$	$-0{,}0425$	$-0{,}0372$
	$M_{dc}-M_{de}$	$-0{,}043$	$+0{,}133$	$-0{,}666$	$q_4 l_4^2$	$-0{,}0054$	$+0{,}0166$	$-0{,}0832$
	M_{ba}	M_{cb}	M_{dc}	$q_1 l_1^2$	$-0{,}0500$	$+0{,}0165$	$-0{,}0029$
$1:1{,}8:1:2$	$M_{ba}-M_{bc}$	$-0{,}600$	$-0{,}132$	$+0{,}023$	$q_2 l_2^2$	$-0{,}0602$	$-0{,}0628$	$+0{,}0106$
	$M_{cb}-M_{cd}$	$+0{,}122$	$-0{,}378$	$-0{,}104$	$q_3 l_3^2$	$+0{,}0139$	$-0{,}0429$	$-0{,}0346$
	$M_{dc}-M_{dc}$	$-0{,}044$	$+0{,}137$	$-0{,}689$	$q_4 l_4^2$	$-0{,}0055$	$+0{,}0171$	$-0{,}0861$

Tafel 22

$l'_1:l'_2:l'_3:l'_4$		Beliebige Belastung				Gleichmäßig verteilte Belastung		
		M_b	M_c	M_d		M_b	M_c	M_d
		M_{ba}	M_{cb}	M_{dc}	$q_1 l_1^2$	$-0{,}0472$	$+0{,}0164$	$-0{,}0042$
$1:2:1:1$	$M_{ba}-M_{bc}$	$-0{,}623$	$-0{,}131$	$+0{,}034$	$q_2 l_2^2$	$-0{,}0615$	$-0{,}0656$	$+0{,}0165$
	$M_{cb}-M_{cd}$	$+0{,}115$	$-0{,}344$	$-0{,}164$	$q_3 l_3^2$	$+0{,}0123$	$-0{,}0366$	$-0{,}0533$
	$M_{dc}-M_{de}$	$-0{,}033$	$+0{,}096$	$-0{,}524$	$q_4 l_4^2$	$-0{,}0041$	$+0{,}0120$	$-0{,}0655$
		M_{ba}	M_{cb}	M_{dc}	$q_1 l_1^2$	$-0{,}0472$	$+0{,}0162$	$-0{,}0038$
$1:2:1:1{,}2$	$M_{ba}-M_{bc}$	$-0{,}623$	$-0{,}130$	$+0{,}030$	$q_2 l_2^2$	$-0{,}0616$	$-0{,}0652$	$+0{,}0149$
	$M_{cb}-M_{cd}$	$+0{,}116$	$-0{,}347$	$-0{,}149$	$q_3 l_3^2$	$+0{,}0127$	$-0{,}0378$	$-0{,}0483$
	$M_{dc}-M_{de}$	$-0{,}036$	$+0{,}107$	$-0{,}569$	$q_4 l_4^2$	$-0{,}0045$	$+0{,}0134$	$-0{,}0711$
		M_{ba}	M_{cb}	M_{dc}	$q_1 l_1^2$	$-0{,}0472$	$+0{,}0161$	$-0{,}0034$
$1:2:1:1{,}4$	$M_{ba}-M_{bc}$	$-0{,}623$	$-0{,}129$	$+0{,}027$	$q_2 l_2^2$	$-0{,}0617$	$-0{,}0649$	$+0{,}0135$
	$M_{cb}-M_{cd}$	$+0{,}117$	$-0{,}350$	$-0{,}136$	$q_3 l_3^2$	$+0{,}0130$	$-0{,}0386$	$-0{,}0440$
	$M_{dc}-M_{de}$	$-0{,}038$	$+0{,}114$	$-0{,}607$	$q_4 l_4^2$	$-0{,}0048$	$+0{,}0142$	$-0{,}0760$
		M_{ba}	M_{cb}	M_{dc}	$q_1 l_1^2$	$-0{,}0472$	$+0{,}0161$	$-0{,}0031$
$1:2:1:1{,}6$	$M_{ba}-M_{bc}$	$-0{,}623$	$-0{,}129$	$+0{,}025$	$q_2 l_2^2$	$-0{,}0617$	$-0{,}0647$	$+0{,}0126$
	$M_{cb}-M_{cd}$	$+0{,}117$	$-0{,}352$	$-0{,}126$	$q_3 l_3^2$	$+0{,}0131$	$-0{,}0393$	$-0{,}0406$
	$M_{dc}-M_{de}$	$-0{,}040$	$+0{,}120$	$-0{,}638$	$q_4 l_4^2$	$-0{,}0050$	$+0{,}0150$	$-0{,}0797$
		M_{ba}	M_{cb}	M_{dc}	$q_1 l_1^2$	$-0{,}0472$	$+0{,}0161$	$-0{,}0029$
$1:2:1:1{,}8$	$M_{ba}-M_{bc}$	$-0{,}623$	$-0{,}129$	$+0{,}023$	$q_2 l_2^2$	$-0{,}0617$	$-0{,}0646$	$+0{,}0115$
	$M_{cb}-M_{cd}$	$+0{,}118$	$-0{,}353$	$-0{,}116$	$q_3 l_3^2$	$+0{,}0133$	$-0{,}0398$	$-0{,}0375$
	$M_{dc}-M_{de}$	$-0{,}042$	$+0{,}125$	$-0{,}665$	$q_4 l_4^2$	$-0{,}0053$	$+0{,}0156$	$-0{,}0832$
		M_{ba}	M_{cb}	M_{dc}	$q_1 l_1^2$	$-0{,}0470$	$+0{,}0161$	$-0{,}0028$
$1:2:1:2$	$M_{ba}-M_{bc}$	$-0{,}624$	$-0{,}129$	$+0{,}022$	$q_2 l_2^2$	$-0{,}0618$	$-0{,}0645$	$+0{,}0107$
	$M_{cb}-M_{cd}$	$+0{,}118$	$-0{,}354$	$-0{,}107$	$q_3 l_3^2$	$+0{,}0134$	$-0{,}0402$	$-0{,}0349$
	$M_{dc}-M_{de}$	$-0{,}043$	$+0{,}129$	$-0{,}688$	$q_4 l_4^2$	$-0{,}0054$	$+0{,}0161$	$-0{,}0860$

Tafel 23

$l'_1 : l'_2 : l'_3 : l'_4$	Beliebige Belastung				Gleichmäßig verteilte Belastung		
		M_b	M_c	M_d		M_b	M_c	M_d
	M_{ba}	M_{cb}	M_{dc}	$q_1 l_1^2$	$-0{,}0667$	$+0{,}0162$	$-0{,}0041$
$1:1:1,2:1,2$	$M_{ba}-M_{bc}$	$-0{,}467$	$-0{,}130$	$+0{,}033$	$q_2 l_2^2$	$-0{,}0503$	$-0{,}0487$	$+0{,}0123$
	$M_{cb}-M_{cd}$	$+0{,}137$	$-0{,}545$	$-0{,}114$	$q_3 l_3^2$	$+0{,}0147$	$-0{,}0584$	$-0{,}0479$
	$M_{dc}-M_{de}$	$-0{,}039$	$+0{,}156$	$-0{,}539$	$q_4 l_4^2$	$-0{,}0049$	$+0{,}0195$	$-0{,}0673$
	M_{ba}	M_{cb}	M_{dc}	$q_1 l_1^2$	$-0{,}0667$	$+0{,}0162$	$-0{,}0038$
$1:1:1,2:1,4$	$M_{ba}-M_{bc}$	$-0{,}467$	$-0{,}130$	$+0{,}030$	$q_2 l_2^2$	$-0{,}0503$	$-0{,}0484$	$+0{,}0113$
	$M_{cb}-M_{cd}$	$+0{,}137$	$-0{,}548$	$-0{,}105$	$q_3 l_3^2$	$+0{,}0149$	$-0{,}0596$	$-0{,}0441$
	$M_{dc}-M_{dc}$	$-0{,}042$	$+0{,}167$	$-0{,}576$	$q_4 l_4^2$	$-0{,}0053$	$+0{,}0209$	$-0{,}0719$
	M_{ba}	M_{cb}	M_{dc}	$q_1 l_1^2$	$-0{,}0666$	$+0{,}0161$	$-0{,}0035$
$1:1:1,2:1,6$	$M_{ba}-M_{bc}$	$-0{,}467$	$-0{,}129$	$+0{,}028$	$q_2 l_2^2$	$-0{,}0504$	$-0{,}0482$	$+0{,}0104$
	$M_{cb}-M_{cd}$	$+0{,}138$	$-0{,}550$	$-0{,}097$	$q_3 l_3^2$	$+0{,}0152$	$-0{,}0605$	$-0{,}0407$
	$M_{dc}-M_{de}$	$-0{,}044$	$+0{,}176$	$-0{,}609$	$q_4 l_4^2$	$-0{,}0055$	$+0{,}0220$	$-0{,}0762$
	M_{ba}	M_{cb}	M_{dc}	$q_1 l_1^2$	$-0{,}0665$	$+0{,}0160$	$-0{,}0032$
$1:1:1,2:1,8$	$M_{ba}-M_{bc}$	$-0{,}468$	$-0{,}128$	$+0{,}026$	$q_2 l_2^2$	$-0{,}0506$	$-0{,}0481$	$+0{,}0098$
	$M_{cb}-M_{cd}$	$+0{,}139$	$-0{,}551$	$-0{,}091$	$q_3 l_3^2$	$+0{,}0155$	$-0{,}0612$	$-0{,}0379$
	$M_{dc}-M_{de}$	$-0{,}046$	$+0{,}184$	$-0{,}637$	$q_4 l_4^2$	$-0{,}0058$	$+0{,}0230$	$-0{,}0796$
	M_{ba}	M_{cb}	M_{dc}	$q_1 l_1^2$	$-0{,}0664$	$+0{,}0160$	$-0{,}0031$
$1:1:1,2:2$	$M_{ba}-M_{bc}$	$-0{,}468$	$-0{,}128$	$+0{,}025$	$q_2 l_2^2$	$-0{,}0506$	$-0{,}0479$	$+0{,}0092$
	$M_{cb}-M_{cd}$	$+0{,}139$	$-0{,}553$	$-0{,}085$	$q_3 l_3^2$	$+0{,}0156$	$-0{,}0620$	$-0{,}0353$
	$M_{dc}-M_{de}$	$-0{,}048$	$+0{,}191$	$-0{,}661$	$q_4 l_4^2$	$-0{,}0060$	$+0{,}0239$	$-0{,}0827$

Tafel 24

$l_1':l_2':l_3':l_4'$		Beliebige Belastung				Gleichmäßig verteilte Belastung	
		M_b	M_c	M_d		M_b	M_c	M_d
		M_{ba}	M_{cb}	M_{dc}	$q_1 l_1^2$	$-0{,}0613$	$+0{,}0164$	$-0{,}0045$
$1:1{,}2:1{,}2:1$	$M_{ba}-M_{bc}$	$-0{,}510$	$-0{,}131$	$+0{,}036$	$q_2 l_2^2$	$-0{,}0539$	$-0{,}0526$	$+0{,}0144$
	$M_{cb}-M_{cd}$	$+0{,}137$	$-0{,}500$	$-0{,}137$	$q_3 l_3^2$	$+0{,}0144$	$-0{,}0526$	$-0{,}0539$
	$M_{dc}-M_{de}$	$-0{,}036$	$+0{,}131$	$-0{,}490$	$q_4 l_4^2$	$-0{,}0045$	$+0{,}0164$	$-0{,}0613$
		M_{ba}	M_{cb}	M_{dc}	$q_1 l_1^2$	$-0{,}0612$	$+0{,}0164$	$-0{,}0042$
$1:1{,}2:1{,}2:1{,}2$	$M_{ba}-M_{bc}$	$-0{,}510$	$-0{.}131$	$+0{,}033$	$q_2 l_2^2$	$-0{,}0540$	$-0{,}0522$	$+0{,}0131$
	$M_{cb}-M_{cd}$	$+0{,}138$	$-0{,}504$	$-0{,}124$	$q_3 l_3^2$	$+0{,}0148$	$-0{,}0540$	$-0{,}0489$
	$M_{dc}-M_{de}$	$-0{,}039$	$+0{,}144$	$-0{,}536$	$q_4 l_4^2$	$-0{,}0049$	$+0{,}0180$	$-0{,}0670$
		M_{ba}	M_{cb}	M_{dc}	$q_1 l_1^2$	$-0{,}0611$	$+0{,}0163$	$-0{,}0039$
$1:1{,}2:1{,}2:1{,}4$	$M_{ba}-M_{bc}$	$-0{,}511$	$-0{,}130$	$+0{,}031$	$q_2 l_2^2$	$-0{,}0542$	$-0{,}0519$	$+0{,}0121$
	$M_{cb}-M_{cd}$	$+0{,}139$	$-0{,}506$	$-0{,}114$	$q_3 l_3^2$	$+0{,}0151$	$-0{,}0550$	$-0{,}0451$
	$M_{dc}-M_{de}$	$-0{,}042$	$+0{,}154$	$-0{,}573$	$q_4 l_4^2$	$-0{,}0053$	$+0{,}0193$	$-0{,}0716$
		M_{ba}	M_{cb}	M_{dc}	$q_1 l_1^2$	$-0{,}0610$	$+0{,}0161$	$-0{,}0036$
$1:1{,}2:1{,}2:1{,}6$	$M_{ba}-M_{bc}$	$-0{,}511$	$-0{,}129$	$+0{,}029$	$q_2 l_2^2$	$-0{,}0542$	$-0{,}0517$	$+0{,}0112$
	$M_{cb}-M_{cd}$	$+0{,}139$	$-0{,}508$	$-0{.}106$	$q_3 l_3^2$	$+0{,}0153$	$-0{,}0559$	$-0{,}0415$
	$M_{dc}-M_{de}$	$-0{,}045$	$+0{,}162$	$-0{,}606$	$q_4 l_4^2$	$-0{,}0056$	$+0{,}0206$	$-0{,}0759$
		M_{ba}	M_{cb}	M_{dc}	$q_1 l_1^2$	$-0{,}0610$	$+0{,}0161$	$-0{,}0033$
$1:1{,}2:1{,}2:1{,}8$	$M_{ba}-M_{bc}$	$-0{,}511$	$-0{,}129$	$+0{,}026$	$q_2 l_2^2$	$-0{,}0543$	$-0{,}0516$	$+0{,}0105$
	$M_{cb}-M_{cd}$	$+0{,}140$	$-0{,}510$	$-0{,}099$	$q_3 l_3^2$	$+0{,}0156$	$-0{,}0567$	$-0{,}0389$
	$M_{dc}-M_{de}$	$-0{,}047$	$+0{,}170$	$-0{,}633$	$q_4 l_4^2$	$-0{,}0059$	$+0{,}0213$	$-0{,}0791$
		M_{ba}	M_{cb}	M_{dc}	$q_1 l_1^2$	$-0{,}0610$	$+0{,}0161$	$-0{,}0030$
$1:1{,}2:1{,}2:2$	$M_{ba}-M_{bc}$	$-0{,}511$	$-0{,}129$	$+0{,}024$	$q_2 l_2^2$	$-0{,}0543$	$-0{,}0514$	$+0{,}0098$
	$M_{cb}-M_{cd}$	$+0{,}140$	$-0{,}512$	$-0{,}093$	$q_3 l_3^2$	$+0{,}0157$	$-0{,}0575$	$-0{,}0363$
	$M_{dc}-M_{de}$	$-0{,}048$	$+0{,}177$	$-0{,}658$	$q_4 l_4^2$	$-0{,}0060$	$+0{,}0222$	$-0{,}0823$

Tafel 25

$l'_1 : l'_2 : l'_3 : l'_4$	Beliebige Belastung				Gleichmäßig verteilte Belastung		
		M_b	M_c	M_d		M_b	M_c	M_d
		M_{ba}	M_{cb}	M_{dc}	$q_1 l_1^2$	$-0,0569$	$+0,0163$	$-0,0045$
$1:1,4:1,2:1$	$M_{ba}-M_{bc}$	$-0,545$	$-0,130$	$+0,036$	$q_2 l_2^2$	$-0,0567$	$-0,0553$	$+0,0152$
	$M_{cb}-M_{cd}$	$+0,135$	$-0,465$	$-0,146$	$q_3 l_3^2$	$+0,0143$	$-0,0491$	-0.0548
	$M_{dc}-M_{de}$	$-0,036$	$+0,124$	$-0,488$	$q_4 l_4^2$	$-0,0045$	$+0,0155$	$-0,0610$
		M_{ba}	M_{cb}	M_{dc}	$q_1 l_1^2$	$-0,0569$	$+0,0163$	$-0,0041$
$1:1,4:1,2:1,2$	$M_{ba}-M_{bc}$	$-0,545$	$-0,130$	$+0,033$	$q_2 l_2^2$	$-0,0568$	$-0,0551$	$+0,0139$
	$M_{cb}-M_{cd}$	$+0,137$	$-0,468$	$-0,133$	$q_3 l_3^2$	$+0,0147$	$-0,0502$	$-0,0500$
	$M_{dc}-M_{de}$	$-0,039$	$+0,134$	$-0,533$	$q_4 l_4^2$	$-0,0049$	$+0,0168$	$-0,0667$
		M_{ba}	M_{cb}	M_{dc}	$q_1 l_1^2$	$-0,0569$	$+0,0161$	$-0,0039$
$1:1,4:1,2:1,4$	$M_{ba}-M_{bc}$	$-0,545$	$-0,129$	$+0,031$	$q_2 l_2^2$	$-0,0568$	$-0,0549$	$+0,0129$
	$M_{cb}-M_{cd}$	$+0,137$	$-0,470$	$-0,123$	$q_3 l_3^2$	$+0,0149$	$-0,0511$	$-0,0460$
	$M_{dc}-M_{de}$	$-0,042$	$+0,143$	$-0,571$	$q_4 l_4^2$	$-0,0053$	$+0,0179$	$-0,0714$
		M_{ba}	M_{cb}	M_{dc}	$q_1 l_1^2$	$-0,0569$	$+0,0161$	$-0,0036$
$1:1,4:1,2:1,6$	$M_{ba}-M_{bc}$	$-0,545$	$-0,129$	$+0,029$	$q_2 l_2^2$	$-0,0569$	$-0,0547$	$+0,0118$
	$M_{cb}-M_{cd}$	$+0,138$	$-0,473$	$-0,113$	$q_3 l_3^2$	$+0,0152$	$-0,0520$	$-0,0424$
	$M_{dc}-M_{de}$	$-0,044$	$+0,151$	$-0,604$	$q_4 l_4^2$	$-0,0055$	$+0,0189$	$-0,0755$
		M_{ba}	M_{cb}	M_{dc}	$q_1 l_1^2$	$-0,0568$	$+0,0160$	-0.0032
$1:1,4:1,2:1,8$	$M_{ba}-M_{bc}$	$-0,546$	$-0,128$	$+0,026$	$q_2 l_2^2$	$-0,0571$	$-0,0544$	$+0,0110$
	$M_{cb}-M_{cd}$	$+0,139$	$-0,475$	$-0,106$	$q_3 l_3^2$	$+0,0154$	$-0,0528$	$-0,0395$
	$M_{dc}-M_{de}$	$-0,046$	$+0,158$	$-0,631$	$q_4 l_4^2$	$-0,0058$	$+0,0198$	$-0,0790$
		M_{ba}	M_{cb}	M_{dc}	$q_1 l_1^2$	$-0,0568$	$+0,0160$	$-0,0030$
$1:1,4:1,2:2$	$M_{ba}-M_{bc}$	$-0,546$	$-0,128$	$+0,024$	$q_2 l_2^2$	$-0,0571$	$-0,0544$	$+0,0102$
	$M_{cb}-M_{cd}$	$+0,139$	$-0,476$	$-0,098$	$q_3 l_3^2$	$+0,0155$	$-0,0533$	$-0,0368$
	$M_{dc}-M_{dc}$	$-0,047$	$+0,164$	$-0,656$	$q_4 l_4^2$	$-0,0059$	$+0,0205$	$-0,0820$

                    Tafeln für Vierfeldträger

Tafel 26

$l_1':l_2':l_3':l_4'$		Beliebige Belastung				Gleichmäßig verteilte Belastung		
		M_b	M_c	M_d		M_b	M_c	M_d
		M_{ba}	M_{cb}	M_{dc}	$q_1 l_1^2$	$-0{,}0531$	$+0{,}0161$	$-0{,}0044$
$1:1,6:1,2:1$	$M_{ba}-M_{bc}$	$-0{,}575$	$-0{,}129$	$+0{,}035$	$q_2 l_2^2$	$-0{,}0591$	$-0{,}0579$	$+0{,}0157$
	$M_{cb}-M_{cd}$	$+0{,}134$	$-0{,}434$	$-0{,}154$	$q_3 l_3^2$	$+0{,}0141$	$-0{,}0457$	$-0{,}0557$
	$M_{dc}-M_{de}$	$-0{,}035$	$+0{,}114$	$-0{,}485$	$q_4 l_4^2$	$-0{,}0044$	$+0{,}0143$	$-0{,}0606$
		M_{ba}	M_{cb}	M_{dc}	$q_1 l_1^2$	$-0{,}0530$	$+0{,}0160$	$-0{,}0041$
$1:1,6:1,2:1,2$	$M_{ba}-M_{bc}$	$-0{,}576$	$-0{,}128$	$+0{,}033$	$q_2 l_2^2$	$-0{,}0593$	$-0{,}0576$	$+0{,}0146$
	$M_{cb}-M_{cd}$	$+0{,}136$	$-0{,}437$	$-0{,}142$	$q_3 l_3^2$	$+0{,}0146$	$-0{,}0468$	$-0{,}0509$
	$M_{dc}-M_{de}$	$-0{,}039$	$+0{,}125$	$-0{,}530$	$q_4 l_4^2$	$-0{,}0049$	$+0{,}0156$	$-0{,}0663$
		M_{ba}	M_{cb}	M_{dc}	$q_1 l_1^2$	$-0{,}0530$	$+0{,}0160$	$-0{,}0038$
$1:1,6:1,2:1,4$	$M_{ba}-M_{bc}$	$-0{,}576$	$-0{,}128$	$+0{,}030$	$q_2 l_2^2$	$-0{,}0593$	$-0{,}0574$	$+0{,}0133$
	$M_{cb}-M_{cd}$	$+0{,}136$	$-0{,}439$	$-0{,}130$	$q_3 l_3^2$	$+0{,}0147$	$-0{,}0478$	$-0{,}0467$
	$M_{cd}-M_{de}$	$-0{,}041$	$+0{,}134$	$-0{,}569$	$q_4 l_4^2$	$-0{,}0051$	$+0{,}0168$	$-0{,}0711$
		M_{ba}	M_{cb}	M_{dc}	$q_1 l_1^2$	$-0{,}0530$	$+0{,}0159$	$-0{,}0034$
$1:1,6:1,2:1,6$	$M_{ba}-M_{bc}$	$-0{,}576$	$-0{,}127$	$+0{,}027$	$q_2 l_2^2$	$-0{,}0594$	$-0{,}0571$	$+0{,}0123$
	$M_{cb}-M_{cd}$	$+0{,}137$	$-0{,}442$	$-0{,}120$	$q_3 l_3^2$	$+0{,}0151$	$-0{,}0486$	$-0{,}0431$
	$M_{dc}-M_{de}$	$-0{,}044$	$+0{,}142$	$-0{,}602$	$q_4 l_4^2$	$-0{,}0055$	$+0{,}0178$	$-0{,}0753$
		M_{ba}	M_{cb}	M_{dc}	$q_1 l_1^2$	$-0{,}0529$	$+0{,}0158$	$-0{,}0033$
$1:1,6:1,2:1,8$	$M_{ba}-M_{bc}$	$-0{,}577$	$-0{,}126$	$+0{,}026$	$q_2 l_2^2$	$-0{,}0595$	$-0{,}0568$	$+0{,}0114$
	$M_{cb}-M_{cd}$	$+0{,}137$	$-0{,}444$	$-0{,}111$	$q_3 l_3^2$	$+0{,}0152$	$-0{,}0493$	$-0{,}0401$
	$M_{dc}-M_{de}$	$-0{,}046$	$+0{,}148$	$-0{,}629$	$q_4 l_4^2$	$-0{,}0058$	$+0{,}0185$	$-0{,}0786$
		M_{ba}	M_{cb}	M_{dc}	$q_1 l_1^2$	$-0{,}0529$	$+0{,}0156$	$-0{,}0030$
$1:1,6:1,2:2$	$M_{ba}-M_{bc}$	$-0{,}577$	$-0{,}125$	$+0{,}024$	$q_2 l_2^2$	$-0{,}0595$	$-0{,}0566$	$+0{,}0108$
	$M_{cb}-M_{cd}$	$+0{,}137$	$-0{,}445$	$-0{,}105$	$q_3 l_3^2$	$+0{,}0153$	$-0{,}0499$	$-0{,}0376$
	$M_{dc}-M_{de}$	$-0{,}047$	$+0{,}153$	$-0{,}654$	$q_4 l_4^2$	$-0{,}0059$	$+0{,}0191$	$-0{,}0817$

Tafel 27

$l_1':l_2':l_3':l_4'$		Beliebige Belastung				Gleichmäßig verteilte Belastung		
		M_b	M_c	M_d		M_b	M_c	M_d
		M_{ba}	M_{cb}	M_{dc}	$q_1 l_1^2$	$-0,0497$	$+0,0158$	$-0,0043$
$1:1,8:1,2:1$	$M_{ba}-M_{bc}$	$-0,602$	$-0,126$	$+0,034$	$q_2 l_2^2$	$-0,0611$	$-0,0598$	$+0,0162$
	$M_{cb}-M_{cd}$	$+0,131$	$-0,408$	$-0,161$	$q_3 l_3^2$	$+0,0137$	$-0,0429$	$-0,0564$
	$M_{dc}-M_{de}$	$-0,034$	$+0,107$	$-0,484$	$q_4 l_4^2$	$-0,0043$	$+0,0134$	$-0,0605$
		M_{ba}	M_{cb}	M_{dc}	$q_1 l_1^2$	$-0,0497$	$+0,0158$	$-0,0039$
$1:1,8:1,2:1,2$	$M_{ba}-M_{bc}$	$-0,602$	$-0,126$	$+0,031$	$q_2 l_2^2$	$-0,0612$	$-0,0597$	$+0,0149$
	$M_{cb}-M_{cd}$	$+0,132$	$-0,409$	$-0,148$	$q_3 l_3^2$	$+0,0142$	$-0,0439$	$-0,0515$
	$M_{dc}-M_{de}$	$-0,038$	$+0,117$	$-0,529$	$q_4 l_4^2$	$-0,0048$	$+0,0146$	$-0,0661$
		M_{ba}	M_{cb}	M_{dc}	$q_1 l_1^2$	$-0,0497$	$+0,0156$	$-0,0038$
$1:1,8:1,2:1,4$	$M_{ba}-M_{bc}$	$-0,602$	$-0,125$	$+0,030$	$q_2 l_2^2$	$-0,0612$	$-0,0594$	$+0,0139$
	$M_{cb}-M_{cd}$	$+0,132$	$-0,412$	$-0,137$	$q_3 l_3^2$	$+0,0143$	$-0,0447$	$-0,0475$
	$M_{dc}-M_{de}$	$-0,040$	$+0,125$	$-0,566$	$q_4 l_4^2$	$-0,0050$	$+0,0156$	$-0,0708$
		M_{ba}	M_{cb}	M_{dc}	$q_1 l_1^2$	$-0,0497$	$+0,0156$	$-0,0034$
$1:1,8:1,2:1,6$	$M_{ba}-M_{bc}$	$-0,602$	$-0,125$	$+0,027$	$q_2 l_2^2$	$-0,0613$	$-0,0592$	$+0,0127$
	$M_{cb}-M_{cd}$	$+0,133$	$-0,414$	$-0,125$	$q_3 l_3^2$	$+0,0147$	$-0,0455$	$-0,0437$
	$M_{dc}-M_{de}$	$-0,043$	$+0,132$	$-0,600$	$q_4 l_4^2$	$-0,0054$	$+0,0165$	$-0,0750$
		M_{ba}	M_{cb}	M_{dc}	$q_1 l_1^2$	$-0,0497$	$+0,0156$	$-0,0033$
$1:1,8:1,2:1,8$	$M_{ba}-M_{bc}$	$-0,602$	$-0,125$	$+0,026$	$q_2 l_2^2$	$-0,0614$	$-0,0590$	$+0,0120$
	$M_{cb}-M_{cd}$	$+0,134$	$-0,416$	$-0,117$	$q_3 l_3^2$	$+0,0150$	$-0,0463$	$-0,0408$
	$M_{dc}-M_{de}$	$-0,045$	$+0,139$	$-0,627$	$q_4 l_4^2$	$-0,0056$	$+0,0174$	$-0,0784$
		M_{ba}	M_{cb}	M_{dc}	$q_1 l_1^2$	$-0,0497$	$+0,0156$	$-0,0030$
$1:1,8:1,2:2$	$M_{ba}-M_{bc}$	$-0,602$	$-0,125$	$+0,024$	$q_2 l_2^2$	$-0,0614$	$-0,0588$	$+0,0111$
	$M_{cb}-M_{cd}$	$+0,134$	$-0,419$	$-0,109$	$q_3 l_3^2$	$+0,0150$	$-0,0469$	$-0,0380$
	$M_{dc}-M_{de}$	$-0,046$	$+0,144$	$-0,652$	$q_4 l_4^2$	$-0,0058$	$+0,0180$	$-0,0815$

Tafel 28

$l'_1:l'_2:l'_3:l'_4$	Beliebige Belastung				Gleichmäßig verteilte Belastung		
		M_b	M_c	M_d		M_b	M_c	M_d
		M_{ba}	M_{cb}	M_{dc}	$q_1 l_1^2$	$-0{,}0467$	$+0{,}0154$	$-0{,}0043$
$1{:}2{:}1{,}2{:}1$	$M_{ba}-M_{bc}$	$-0{,}626$	$-0{,}123$	$+0{,}034$	$q_2 l_2^2$	$-0{,}0630$	$-0{,}0616$	$+0{,}0168$
	$M_{cb}-M_{cd}$	$+0{,}129$	$-0{,}384$	$-0{,}168$	$q_3 l_3^2$	$+0{,}0136$	$-0{,}0404$	$-0{,}0571$
	$M_{dc}-M_{de}$	$-0{,}034$	$+0{,}101$	$-0{,}482$	$q_4 l_4^2$	$-0{,}0043$	$+0{,}0126$	$-0{,}0602$
		M_{ba}	M_{cb}	M_{dc}	$q_1 l_1^2$	$-0{,}0467$	$+0{,}0153$	$-0{,}0038$
$1{:}2{:}1{,}2{:}1{,}2$	$M_{ba}-M_{bc}$	$-0{,}626$	$-0{,}122$	$+0{,}030$	$q_2 l_2^2$	$-0{,}0630$	$-0{,}0614$	$+0{,}0153$
	$M_{cb}-M_{cd}$	$+0{,}129$	$-0{,}387$	$-0{,}153$	$q_3 l_3^2$	$+0{,}0139$	$-0{,}0413$	$-0{,}0521$
	$M_{dc}-M_{de}$	$-0{,}037$	$+0{,}111$	$-0{,}527$	$q_4 l_4^2$	$-0{,}0046$	$+0{,}0139$	$-0{,}0659$
		M_{ba}	M_{cb}	M_{dc}	$q_1 l_1^2$	$-0{,}0467$	$+0{,}0153$	$-0{,}0036$
$1{:}2{:}1{,}2{:}1{,}4$	$M_{ba}-M_{bc}$	$-0{,}626$	$-0{,}122$	$+0{,}029$	$q_2 l_2^2$	$-0{,}0630$	$-0{,}0611$	$+0{,}0142$
	$M_{cb}-M_{cd}$	$+0{,}130$	$-0{,}389$	$-0{,}142$	$q_3 l_3^2$	$+0{,}0141$	$-0{,}0422$	$-0{,}0480$
	$M_{dc}-M_{de}$	$-0{,}040$	$+0{,}118$	$-0{,}565$	$q_4 l_4^2$	$-0{,}0050$	$+0{,}0148$	$-0{,}0707$
		M_{ba}	M_{cb}	M_{dc}	$q_1 l_1^2$	$-0{,}0467$	$+0{,}0153$	$-0{,}0033$
$1{:}2{:}1{,}2{:}1{,}6$	$M_{ba}-M_{bc}$	$-0{,}626$	$-0{,}122$	$+0\ 026$	$q_2 l_2^2$	$-0{,}0631$	$-0{,}0609$	$+0{,}0130$
	$M_{cb}-M_{cd}$	$+0{,}131$	$-0{,}391$	$-0{,}130$	$q_3 l_3^2$	$+0{,}0144$	$-0{,}0430$	$-0{,}0443$
	$M_{dc}-M_{de}$	$-0{,}042$	$+0{,}125$	$-0{,}598$	$q_4 l_4^2$	$-0{,}0053$	$+0{,}0156$	$-0{,}0748$
		M_{ba}	M_{cb}	M_{dc}	$q_1 l_1^2$	$-0{,}0466$	$+0{,}0151$	$-0{,}0030$
$1{:}2{:}1{,}2{:}1{,}8$	$M_{ba}-M_{bc}$	$-0{,}627$	$-0{,}121$	$+0{,}024$	$q_2 l_2^2$	$-0{,}0633$	$-0{,}0606$	$+0{,}0121$
	$M_{cb}-M_{cd}$	$+0{,}132$	$-0{,}394$	$-0{,}121$	$q_3 l_3^2$	$+0{,}0147$	$-0{,}0437$	$-0{,}0412$
	$M_{dc}-M_{de}$	$-0{,}044$	$+0{,}131$	$-0{,}626$	$q_4 l_4^2$	$-0{,}0055$	$+0{,}0164$	$-0{,}0783$
		M_{ba}	M_{cb}	M_{dc}	$q_1 l_1^2$	$-0{,}0466$	$+0{,}0150$	$-0{,}0029$
$1{:}2{:}1{,}2{:}2$	$M_{ba}-M_{bc}$	$-0{,}627$	$-0{,}120$	$+0{,}023$	$q_2 l_2^2$	$-0{,}0633$	$-0{,}0603$	$+0{,}0114$
	$M_{cb}-M_{cd}$	$+0{,}132$	$-0{,}396$	$-0{,}114$	$q_3 l_3^2$	$+0{,}0148$	$-0{,}0444$	$-0{,}0385$
	$M_{dc}-M_{de}$	$-0{,}046$	$+0{,}137$	$-0{,}651$	$q_4 l_4^2$	$-0{,}0058$	$+0{,}0171$	$-0{,}0815$

Tafel 29

$l_1':l_2':l_3':l_4'$	Beliebige Belastung				Gleichmäßig verteilte Belastung			
		M_b	M_c	M_d		M_b	M_c	M_d
		M_{ba}	M_{cb}	M_{dc}	$q_1 l_1^2$	$-0{,}0663$	$+0{,}0150$	$-0{,}0040$
$1:1:1,4:1,2$	$M_{ba}-M_{bc}$	$-0{,}470$	$-0{,}120$	$+0{,}032$	$q_2 l_2^2$	$-0{,}0514$	$-0{,}0449$	$+0{,}0122$
	$M_{cb}-M_{cd}$	$+0{,}146$	$-0{,}581$	$-0{,}114$	$q_3 l_3^2$	$+0{,}0155$	$-0{,}0615$	$-0{,}0508$
	$M_{dc}-M_{de}$	$-0{,}039$	$+0{,}155$	$-0{,}503$	$q_4 l_4^2$	$-0{,}0049$	$+0{,}0194$	$-0{,}0629$
		M_{ba}	M_{cb}	M_{dc}	$q_1 l_1^2$	$-0{,}0663$	$+0{,}0149$	$-0{,}0039$
$1:1:1,4:1,4$	$M_{ba}-M_{bc}$	$-0{,}470$	$-0{,}119$	$+0{,}031$	$q_2 l_2^2$	$-0{,}0514$	$-0{,}0446$	$+0{,}0114$
	$M_{cb}-M_{cd}$	$+0{,}146$	$-0{,}583$	$-0{,}106$	$q_3 l_3^2$	$+0{,}0157$	$-0{,}0625$	$-0{,}0469$
	$M_{dc}-M_{de}$	$-0{,}042$	$+0{,}167$	$-0{,}542$	$q_4 l_4^2$	$-0{,}0053$	$+0{,}0209$	$-0{,}0678$
		M_{ba}	M_{cb}	M_{dc}	$q_1 l_1^2$	$-0{,}0663$	$+0{,}0149$	$-0{,}0036$
$1:1:1,4:1,6$	$M_{ba}-M_{bc}$	$-0{,}470$	$-0{,}119$	$+0{,}029$	$q_2 l_2^2$	$-0{,}0515$	$-0{,}0444$	$+0{,}0105$
	$M_{cb}-M_{cd}$	$+0{,}147$	$-0{,}585$	$-0{,}097$	$q_3 l_3^2$	$+0{,}0160$	$-0{,}0636$	$-0{,}0435$
	$M_{dc}-M_{de}$	$-0{,}044$	$+0{,}177$	$-0{,}575$	$q_4 l_4^2$	$-0{,}0055$	$+0{,}0222$	$-0{,}0719$
		M_{ba}	M_{cb}	M_{dc}	$q_1 l_1^2$	$-0{,}0661$	$+0{,}0148$	$-0{,}0033$
$1:1:1,4:1,8$	$M_{ba}-M_{bc}$	$-0{,}471$	$-0{,}118$	$+0{,}026$	$q_2 l_2^2$	$-0{,}0516$	$-0{,}0441$	$+0{,}0097$
	$M_{cb}-M_{cd}$	$+0{,}147$	$-0{,}587$	$-0{,}090$	$q_3 l_3^2$	$+0{,}0161$	$-0{,}0645$	$-0{,}0405$
	$M_{dc}-M_{de}$	$-0{,}046$	$+0{,}186$	$-0{,}603$	$q_4 l_4^2$	$-0{,}0058$	$+0{,}0232$	$-0{,}0754$
		M_{ba}	M_{cb}	M_{dc}	$q_1 l_1^2$	$-0{,}0661$	$+0{,}0146$	$-0{,}0031$
$1:1:1,4:2$	$M_{ba}-M_{bc}$	$-0{,}471$	$-0{,}117$	$+0{,}025$	$q_2 l_2^2$	$-0{,}0517$	$-0{,}0438$	$+0{,}0092$
	$M_{cb}-M_{cd}$	$+0{,}148$	$-0{,}589$	$-0{,}085$	$q_3 l_3^2$	$+0{,}0165$	$-0{,}0653$	$-0{,}0381$
	$M_{dc}-M_{dc}$	$-0{,}049$	$+0{,}193$	$-0{,}628$	$q_1 l_4^2$	$-0{,}0061$	$+0{,}0241$	$-0{,}0785$

Tafel 80

$l_1':l_2':l_3':l_4'$	Beliebige Belastung				Gleichmäßig verteilte Belastung		
		M_b	M_c	M_d		M_b	M_c	M_d
		M_{ba}	M_{cb}	M_{dc}	$q_1 l_1^2$	$-0{,}0607$	$+0{,}0151$	$-0{,}0041$
$1:1{,}2:1{,}4:1{,}2$	$M_{ba}-M_{bc}$	$-0{,}514$	$-0{,}121$	$+0{,}033$	$q_2 l_2^2$	$-0{,}0551$	$-0{,}0486$	$+0{,}0131$
	$M_{cb}-M_{cd}$	$+0{,}147$	$-0{,}538$	$-0{,}124$	$q_3 l_3^2$	$+0{,}0156$	$-0{,}0568$	$-0{,}0521$
	$M_{dc}-M_{de}$	$-0{,}039$	$+0{,}144$	$-0{,}499$	$q_4 l_4^2$	$-0{,}0049$	$+0{,}0180$	$-0{,}0624$
		M_{ba}	M_{cb}	M_{dc}	$q_1 l_1^2$	$-0{,}0607$	$+0{,}0150$	$-0{,}0039$
$1:1{,}2:1{,}4:1{,}4$	$M_{ba}-M_{bc}$	$-0{,}514$	$-0{,}120$	$+0{,}031$	$q_2 l_2^2$	$-0{,}0552$	$-0{,}0481$	$+0{,}0121$
	$M_{cb}-M_{cd}$	$+0{,}149$	$-0{,}542$	$-0{,}114$	$q_3 l_3^2$	$+0{,}0160$	$-0{,}0581$	$-0{,}0479$
	$M_{dc}-M_{de}$	$-0{,}043$	$+0{,}155$	$-0{,}539$	$q_4 l_4^2$	$-0{,}0054$	$+0{,}0194$	$-0{,}0674$
		M_{ba}	M_{cb}	M_{dc}	$q_1 l_1^2$	$-0{,}0607$	$+0{,}0150$	$-0{,}0036$
$1:1{,}2:1{,}4:1{,}6$	$M_{ba}-M_{bc}$	$-0{,}514$	$-0{,}120$	$+0{,}029$	$q_2 l_2^2$	$-0{,}0552$	$-0{,}0480$	$+0{,}0112$
	$M_{cb}-M_{cd}$	$+0{,}149$	$-0{,}544$	$-0{,}105$	$q_3 l_3^2$	$+0{,}0162$	$-0{,}0590$	$-0{,}0444$
	$M_{dc}-M_{de}$	$-0{,}045$	$+0{,}164$	$-0{,}572$	$q_4 l_4^2$	$-0{,}0056$	$+0{,}0205$	$-0{,}0715$
		M_{ba}	M_{cb}	M_{dc}	$q_1 l_1^2$	$-0{,}0607$	$+0{,}0149$	$-0{,}0033$
$1:1{,}2:1{,}4:1{,}8$	$M_{ba}-M_{bc}$	$-0{,}514$	$-0{,}119$	$+0{,}026$	$q_2 l_2^2$	$-0{,}0553$	$-0{,}0478$	$+0{,}0105$
	$M_{cb}-M_{cd}$	$+0{,}150$	$-0{,}545$	$-0{,}100$	$q_3 l_3^2$	$+0{,}0164$	$-0{,}0597$	$-0{,}0417$
	$M_{dc}-M_{de}$	$-0{,}047$	$+0{,}172$	$-0{,}599$	$q_4 l_4^2$	$-0{,}0059$	$+0{,}0215$	$-0{,}0748$
		M_{ba}	M_{cb}	M_{dc}	$q_1 l_1^2$	$-0{,}0607$	$+0{,}0149$	$-0{,}0031$
$1:1{,}2:1{,}4:2$	$M_{ba}-M_{bc}$	$-0{,}514$	$-0{,}119$	$+0{,}025$	$q_2 l_2^2$	$-0{,}0553$	$-0{,}0476$	$+0{,}0098$
	$M_{cb}-M_{cd}$	$+0{,}150$	$-0{,}547$	$-0{,}093$	$q_3 l_3^2$	$+0{,}0166$	$-0{,}0606$	$-0{,}0390$
	$M_{dc}-M_{dc}$	$-0{,}049$	$+0{,}180$	$-0{,}625$	$q_4 l_4^2$	$-0{,}0061$	$+0{,}0225$	$-0{,}0780$

Tafel 31

$l'_1 : l'_2 : l'_3 : l'_4$	Beliebige Belastung				Gleichmäßig verteilte Belastung		
	M_b	M_c	M_d		M_b	M_c	M_d
	M_{ba}	M_{cb}	M_{dc}	$q_1 l_1^2$	$-0{,}0565$	$+0{,}0152$	$-0{,}0045$
$1:1{,}4:1{,}4:1$	$M_{ba}-M_{bc}$ $\;-0{,}548$	$-0{,}122$	$+0{,}036$	$q_2 l_2^2$	$-0{,}0578$	$-0{,}0519$	$+0{.}0151$
	$M_{cb}-M_{cd}$ $\;+0{,}145$	$-0{,}500$	$-0{,}145$	$q_3 l_3^2$	$+0{,}0151$	$-0{,}0519$	$-0{,}0578$
	$M_{dc}-M_{de}$ $\;-0{,}036$	$+0{,}122$	$-0{,}452$	$q_4 l_4^2$	$-0{,}0045$	$+0{,}0152$	$-0{,}0565$
	M_{ba}	M_{cb}	M_{dc}	$q_1 l_1^2$	$-0{,}0565$	$+0{,}0152$	$-0{,}0040$
$1:1{,}4:1{,}4:1{,}2$	$M_{ba}-M_{bc}$ $\;-0{,}548$	$-0{,}121$	$+0{,}032$	$q_2 l_2^2$	$-0{,}0579$	$-0{,}0515$	$+0{,}0140$
	$M_{cb}-M_{cd}$ $\;+0{,}147$	$-0{,}503$	$-0{,}135$	$q_3 l_3^2$	$+0{,}0156$	$-0{,}0531$	$-0{,}0531$
	$M_{dc}-M_{de}$ $\;-0{,}039$	$+0{,}134$	$-0{,}498$	$q_4 l_4^2$	$-0{,}0049$	$+0{,}0168$	$-0{,}0623$
	M_{ba}	M_{cb}	M_{dc}	$q_1 l_1^2$	$-0{,}0565$	$+0{,}0152$	$-0{,}0038$
$1:1{,}4:1{,}4:1{,}4$	$M_{ba}-M_{bc}$ $\;-0{,}548$	$-0{,}121$	$+0{,}030$	$q_2 l_2^2$	$-0{,}0580$	$-0{,}0512$	$+0{,}0128$
	$M_{cb}-M_{cd}$ $\;+0{,}148$	$-0{,}506$	$-0{,}124$	$q_3 l_3^2$	$+0{,}0158$	$-0{,}0543$	$-0{,}0488$
	$M_{dc}-M_{de}$ $\;-0{,}042$	$+0{,}145$	$-0{,}537$	$q_4 l_4^2$	$-0{,}0053$	$+0{,}0181$	$-0{,}0672$
	M_{ba}	M_{cb}	M_{dc}	$q_1 l_1^2$	$-0{,}0565$	$+0{,}0150$	$-0{,}0035$
$1:1{,}4:1{,}4:1{,}6$	$M_{ba}-M_{bc}$ $\;-0{,}548$	$-0{,}120$	$+0{,}028$	$q_2 l_2^2$	$-0{,}0580$	$-0{,}0509$	$+0{,}0120$
	$M_{cb}-M_{cd}$ $\;+0{,}148$	$-0{,}508$	$-0{,}116$	$q_3 l_3^2$	$+0{,}0161$	$-0{,}0552$	$-0{,}0456$
	$M_{dc}-M_{de}$ $\;-0{,}045$	$+0{,}154$	$-0{,}569$	$q_4 l_4^2$	$-0{,}0056$	$+0{,}0193$	$-0{,}0711$
	M_{ba}	M_{cb}	M_{dc}	$q_1 l_1^2$	$-0{,}0565$	$+0{,}0150$	$-0{,}0033$
$1:1{,}4:1{,}4:1{,}8$	$M_{ba}-M_{bc}$ $\;-0{,}548$	$-0{,}120$	$+0{,}026$	$q_2 l_2^2$	$-0{,}0581$	$-0{,}0508$	$+0{,}0113$
	$M_{cb}-M_{cd}$ $\;+0{,}149$	$-0{,}510$	$-0{,}107$	$q_3 l_3^2$	$+0{,}0163$	$-0{,}0559$	$-0{,}0424$
	$M_{dc}-M_{de}$ $\;-0{,}047$	$+0{,}161$	$-0{,}597$	$q_4 l_4^2$	$-0{,}0059$	$+0{,}0201$	$-0{,}0747$
	M_{ba}	M_{cb}	M_{dc}	$q_1 l_1^2$	$-0{,}0565$	$+0{,}0150$	$-0{,}0030$
$1:1{,}4:1{,}4:2$	$M_{ba}-M_{bc}$ $\;-0{,}548$	$-0{,}120$	$+0{,}024$	$q_2 l_2^2$	$-0{,}0582$	$-0{,}0506$	$+0{,}0104$
	$M_{cb}-M_{cd}$ $\;+0{,}150$	$-0{,}512$	$-0{,}101$	$q_3 l_3^2$	$+0{,}0166$	$-0{,}0567$	$-0{,}0398$
	$M_{dc}-M_{de}$ $\;-0{,}049$	$+0{,}168$	$-0{,}623$	$q_4 l_4^2$	$-0{,}0061$	$+0{,}0210$	$-0{,}0779$

Tafel 32

$l'_1:l'_2:l'_3:l'_4$		Beliebige Belastung				Gleichmäßig verteilte Belastung		
		M_b	M_c	M_d		M_b	M_c	M_d
		M_{ba}	M_{cb}	M_{dc}	$q_1 l_1^2$	$-0,0526$	$+0,0151$	$-0,0044$
$1:1,6:1,4:1$	$M_{ba}-M_{bc}$	$-0,579$	$-0,120$	$+0,035$	$q_2 l_2^2$	$-0,0603$	$-0,0543$	$+0,0159$
	$M_{cb}-M_{cd}$	$+0,144$	$-0,468$	$-0,156$	$q_3 l_3^2$	$+0,0149$	$-0,0485$	$-0,0589$
	$M_{dc}-M_{de}$	$-0,035$	$+0,114$	$-0,449$	$q_4 l_4^2$	$-0,0044$	$+0,0143$	$-0,0561$
		M_{ba}	M_{cb}	M_{dc}	$q_1 l_1^2$	$-0,0526$	$+0,0149$	$-0,0400$
$1:1,6:1,4:1,2$	$M_{ba}-M_{bc}$	$-0,579$	$-0,119$	$+0,032$	$q_2 l_2^2$	$-0,0604$	$-0,0538$	$+0,0146$
	$M_{cb}-M_{cd}$	$+0,145$	$-0,472$	$-0,143$	$q_3 l_3^2$	$+0,0154$	$-0,0499$	$-0,0538$
	$M_{dc}-M_{dc}$	$-0,039$	$+0,126$	$-0,496$	$q_4 l_4^2$	$-0,0049$	$+0,0158$	$-0,0620$
		M_{ba}	M_{cb}	M_{dc}	$q_1 l_1^2$	$-0,0526$	$+0,0149$	$-0,0038$
$1:1,6:1,4:1,4$	$M_{ba}-M_{bc}$	$-0,579$	$-0,119$	$+0,030$	$q_2 l_2^2$	$-0,0605$	$-0,0537$	$+0,0135$
	$M_{cb}-M_{cd}$	$+0,146$	$-0,474$	$-0,132$	$q_3 l_3^2$	$+0,0157$	$-0,0508$	$-0,0498$
	$M_{dc}-M_{de}$	$-0,042$	$+0,136$	$-0,534$	$q_4 l_4^2$	$-0,0053$	$+0,0170$	$-0,0668$
		M_{ba}	M_{cb}	M_{dc}	$q_1 l_1^2$	$-0,0526$	$+0,0149$	$-0,0036$
$1:1,6:1,4:1,6$	$M_{ba}-M_{bc}$	$-0,579$	$-0,119$	$+0,029$	$q_2 l_2^2$	$-0,0605$	$-0,0534$	$+0,0127$
	$M_{cb}-M_{cd}$	$+0,147$	$-0,477$	$-0,123$	$q_3 l_3^2$	$+0,0160$	$-0,0518$	$-0,0463$
	$M_{dc}-M_{de}$	$-0,045$	$+0,144$	$-0,567$	$q_4 l_4^2$	$-0,0056$	$+0,0180$	$-0,0709$
		M_{ba}	M_{cb}	M_{dc}	$q_1 l_1^2$	$-0,0526$	$+0,0148$	$-0,0034$
$1:1,6:1,4:1,8$	$M_{ba}-M_{bc}$	$-0,579$	$-0,118$	$+0,027$	$q_2 l_2^2$	$-0,0606$	$-0,0531$	$+0,0118$
	$M_{cb}-M_{cd}$	$+0,148$	$-0,480$	$-0,114$	$q_3 l_3^2$	$+0,0162$	$-0,0527$	$-0,0432$
	$M_{dc}-M_{de}$	$-0,047$	$+0,152$	$-0,595$	$q_4 l_4^2$	$-0,0059$	$+0,0190$	$-0,0744$
		M_{ba}	M_{cb}	M_{dc}	$q_1 l_1^2$	$-0,0526$	$+0,0148$	$-0,0031$
$1:1,6:1,4:2$	$M_{ba}-M_{bc}$	$-0,579$	$-0,118$	$+0,025$	$q_2 l_2^2$	$-0,0606$	$-0,0530$	$+0,0110$
	$M_{cb}-M_{cd}$	$+0,148$	$-0,481$	$-0,107$	$q_3 l_3^2$	$+0,0164$	$-0,0533$	$-0,0404$
	$M_{dc}-M_{dc}$	$-0,049$	$+0,158$	$-0,621$	$q_4 l_4^2$	$-0,0061$	$+0,0198$	$-0,0776$

Tafel 33

$l_1':l_2':l_3':l_4'$	Beliebige Belastung				Gleichmäßig verteilte Belastung		
		M_b	M_c	M_d		M_b	M_c	M_d
	M_{ba}	M_{cb}	M_{dc}	$q_1 l_1^2$	$-0{,}0495$	$+0{,}0149$	$-0{,}0044$
$1:1{,}8:1{,}4:1$	$M_{ba}-M_{bc}$	$-0{,}604$	$-0{,}119$	$+0{,}035$	$q_2 l_2^2$	$-0{,}0622$	$-0{,}0564$	$+0{,}0165$
	$M_{cb}-M_{cd}$	$+0{,}142$	$-0{,}442$	$-0{,}163$	$q_3 l_3^2$	$+0{,}0148$	$-0{,}0458$	$-0{,}0595$
	$M_{dc}-M_{de}$	$-0{,}035$	$+0{,}108$	$-0{,}448$	$q_4 l_4^2$	$-0{,}0044$	$+0{,}0135$	$-0{,}0560$
	M_{ba}	M_{cb}	M_{dc}	$q_1 l_1^2$	$-0{,}0495$	$+0{,}0149$	$-0{,}0040$
$1:1{,}8:1{,}4:1{,}2$	$M_{ba}-M_{bc}$	$-0{,}604$	$-0{,}119$	$+0{,}032$	$q_2 l_2^2$	$-0{,}0623$	$-0{,}0560$	$+0{,}0152$
	$M_{cb}-M_{cd}$	$+0{,}144$	$-0{,}446$	$-0{,}150$	$q_3 l_3^2$	$+0{,}0152$	$-0{,}0471$	$-0{,}0547$
	$M_{dc}-M_{de}$	$-0{,}038$	$+0{,}119$	$-0{,}493$	$q_4 l_4^2$	$-0{,}0047$	$+0{,}0149$	$-0{,}0615$
	M_{ba}	M_{cb}	M_{dc}	$q_1 l_1^2$	$-0{,}0495$	$+0{,}0148$	$-0{,}0038$
$1:1{,}8:1{,}4:1{,}4$	$M_{ba}-M_{bc}$	$-0{,}604$	$-0{,}118$	$+0{,}030$	$q_2 l_2^2$	$-0{,}0624$	$-0{,}0557$	$+0{,}0141$
	$M_{cb}-M_{cd}$	$+0{,}145$	$-0{,}449$	$-0{,}139$	$q_3 l_3^2$	$+0{,}0155$	$-0{,}0481$	$-0{,}0506$
	$M_{dc}-M_{de}$	$-0{,}041$	$+0{,}128$	$-0{,}531$	$q_4 l_4^2$	$-0{,}0051$	$+0{,}0160$	$-0{,}0664$
	M_{ba}	M_{cb}	M_{dc}	$q_1 l_1^2$	$-0{,}0495$	$+0{,}0148$	$-0{,}0035$
$1:1{,}8:1{,}4:1{,}6$	$M_{ba}-M_{bc}$	$-0{,}604$	$-0{,}118$	$+0{,}028$	$q_2 l_2^2$	$-0{,}0624$	$-0{,}0555$	$+0{,}0131$
	$M_{cb}-M_{cd}$	$+0{,}145$	$-0{,}451$	$-0{,}129$	$q_3 l_3^2$	$+0{,}0158$	$-0{,}0489$	$-0{,}0470$
	$M_{dc}-M_{de}$	$-0{,}044$	$+0{,}136$	$-0{,}565$	$q_4 l_4^2$	$-0{,}0055$	$+0{,}0170$	$-0{,}0706$
	M_{ba}	M_{cb}	M_{dc}	$q_1 l_1^2$	$-0{,}0494$	$+0{,}0146$	$-0{,}0033$
$1:1{,}8:1{,}4:1{,}8$	$M_{ba}-M_{bc}$	$-0{,}605$	$-0{,}117$	$+0{,}026$	$q_2 l_2^2$	$-0{,}0626$	$-0{,}0553$	$+0{,}0122$
	$M_{cb}-M_{cd}$	$+0{,}146$	$-0{,}453$	$-0{,}120$	$q_3 l_3^2$	$+0{,}0160$	$-0{,}0497$	$-0{,}0439$
	$M_{dc}-M_{de}$	$-0{,}046$	$+0{,}143$	$-0{,}594$	$q_4 l_4^2$	$-0{,}0057$	$+0{,}0179$	$-0{,}0743$
	M_{ba}	M_{cb}	M_{dc}	$q_1 l_1^2$	$-0{,}0494$	$+0{,}0146$	$-0{,}0031$
$1:1{,}8:1{,}4:2$	$M_{ba}-M_{bc}$	$-0{,}605$	$-0{,}117$	$+0{,}025$	$q_2 l_2^2$	$-0{,}0626$	$-0{,}0552$	$+0{,}0115$
	$M_{cb}-M_{cd}$	$+0{,}146$	$-0{,}455$	$-0{.}113$	$q_3 l_3^2$	$+0{,}0162$	$-0{,}0503$	$-0{,}0411$
	$M_{dc}-M_{de}$	$-0{,}048$	$+0{,}149$	$-0{,}619$	$q_4 l_4^2$	$-0{,}0060$	$+0{,}0186$	$-0{,}0774$

Tafel 34

$l_1':l_2':l_3':l_4'$	Beliebige Belastung			Gleichmäßig verteilte Belastung			
	M_b	M_c	M_d		M_b	M_c	M_d
1:2:1.4:1	M_{ba}	M_{cb}	M_{dc}	$q_1 l_1^2$	−0,0465	+0,0146	−0,0043
	$M_{ba}-M_{bc}$ −0,628	−0,117	+0,034	$q_2 l_2^2$	−0,0640	−0,0583	+0,0170
	$M_{cb}-M_{cd}$ +0,140	−0,418	−0,170	$q_3 l_3^2$	+0,0145	−0,0433	−0,0603
	$M_{dc}-M_{de}$ −0,034	+0,102	−0,446	$q_4 l_4^2$	−0,0043	+0,0127	−0,0557
1:2:1,4:1,2	M_{ba}	M_{cb}	M_{dc}	$q_1 l_1^2$	−0,0465	+0,0145	−0,0038
	$M_{ba}-M_{bc}$ −0,628	−0,116	+0,030	$q_2 l_2^2$	−0,0641	−0,0578	+0,0155
	$M_{cb}-M_{cd}$ +0,141	−0,421	−0,156	$q_3 l_3^2$	+0,0150	−0,0446	−0,0553
	$M_{dc}-M_{de}$ −0,038	+0,113	−0,492	$q_4 l_4^2$	−0,0048	+0,0141	−0,0614
1:2:1,4:1,4	M_{ba}	M_{cb}	M_{dc}	$q_1 l_1^2$	−0,0465	+0,0144	−0,0035
	$M_{ba}-M_{bc}$ −0,628	−0,115	+0,028	$q_2 l_2^2$	−0,0641	−0,0575	+0,0143
	$M_{cb}-M_{cd}$ +0,142	−0,424	−0,144	$q_3 l_3^2$	+0,0152	−0,0455	−0,0511
	$M_{dc}-M_{de}$ −0,041	+0,121	−0,530	$q_4 l_4^2$	−0,0051	+0,0151	−0,0662
1:2:1,4:1,6	M_{ba}	M_{cb}	M_{dc}	$q_1 l_1^2$	−0,0464	+0,0143	−0,0033
	$M_{ba}-M_{bc}$ −0,629	−0,114	+0,026	$q_2 l_2^2$	−0,0643	−0,0573	+0,0133
	$M_{cb}-M_{cd}$ +0,143	−0,426	−0,133	$q_3 l_3^2$	+0,0155	−0,0463	−0,0474
	$M_{dc}-M_{de}$ −0,043	+0,129	−0,564	$q_4 l_4^2$	−0,0054	+0,0161	−0,0705
1:2:1,4:1,8	M_{ba}	M_{cb}	M_{dc}	$q_1 l_1^2$	−0,0464	+0,0143	−0,0031
	$M_{ba}-M_{bc}$ −0,629	−0,114	+0,025	$q_2 l_2^2$	−0,0643	−0,0571	+0,0125
	$M_{cb}-M_{cd}$ +0,143	−0,428	−0,125	$q_3 l_3^2$	+0,0157	−0,0470	−0,0443
	$M_{dc}-M_{de}$ −0,045	+0,135	−0,592	$q_4 l_4^2$	−0,0056	+0,0169	−0,0740
1:2:1,4:2	M_{ba}	M_{cb}	M_{dc}	$q_1 l_1^2$	−0,0464	+0,0141	−0,0029
	$M_{ba}-M_{bc}$ −0,629	−0,113	+0,023	$q_2 l_2^2$	−0,0644	−0,0569	+0,0117
	$M_{cb}-M_{cd}$ +0,144	−0,430	−0,117	$q_3 l_3^2$	+0,0159	−0,0476	−0,0416
	$M_{dc}-M_{de}$ −0,047	+0,141	−0,618	$q_4 l_4^2$	−0,0059	+0,0176	−0,0772

Tafel 35

$l_1' : l_2' : l_3' : l_4'$	Beliebige Belastung				Gleichmäßig verteilte Belastung		
		M_b	M_c	M_d		M_b	M_c	M_d
		M_{ba}	M_{cb}	M_{dc}	$q_1 l_1^2$	$-0{,}0660$	$+0{,}0139$	$-0{,}0040$
$1:1:1{,}6:1{,}2$	$M_{ba}-M_{bc}$	$-0{,}472$	$-0{,}111$	$+0{,}032$	$q_2 l_2^2$	$-0{,}0520$	$-0{,}0416$	$+0{,}0120$
	$M_{cb}-M_{cd}$	$+0{,}152$	$-0{,}611$	$-0{,}112$	$q_3 l_3^2$	$+0{,}0159$	$-0{,}0638$	$-0{,}0532$
	$M_{dc}-M_{de}$	$-0{,}038$	$+0{,}153$	$-0{,}472$	$q_4 l_4^2$	$-0{,}0048$	$+0{,}0191$	$-0{,}0590$
		M_{ba}	M_{cb}	M_{dc}	$q_1 l_1^2$	$-0{,}0658$	$+0{,}0138$	$-0{,}0036$
$1:1:1{,}6:1{,}4$	$M_{ba}-M_{bc}$	$-0{,}474$	$-0{,}110$	$+0{,}029$	$q_2 l_2^2$	$-0{,}0522$	$-0{,}0414$	$+0{,}0110$
	$M_{cb}-M_{cd}$	$+0{,}153$	$-0{,}613$	$-0{,}103$	$q_3 l_3^2$	$+0{,}0162$	$-0{,}0649$	$-0{,}0493$
	$M_{dc}-M_{de}$	$-0{,}041$	$+0{,}166$	$-0{,}511$	$q_4 l_4^2$	$-0{,}0051$	$+0{,}0208$	$-0{,}0639$
		M_{ba}	M_{cb}	M_{dc}	$q_1 l_1^2$	$-0{,}0658$	$+0{,}0138$	$-0{,}0035$
$1:1:1{,}6:1{,}6$	$M_{ba}-M_{bc}$	$-0{,}474$	$-0{,}110$	$+0{,}028$	$q_2 l_2^2$	$-0{,}0522$	$-0{,}0412$	$+0{,}0104$
	$M_{cb}-M_{cd}$	$+0{,}154$	$-0{,}615$	$-0{,}097$	$q_3 l_3^2$	$+0{,}0165$	$-0{,}0660$	$-0{,}0461$
	$M_{dc}-M_{de}$	$-0{,}044$	$+0{,}176$	$-0{,}543$	$q_4 l_4^2$	$-0{,}0055$	$+0{,}0220$	$-0{,}0679$
		M_{ba}	M_{cb}	M_{dc}	$q_1 l_1^2$	$-0{,}0658$	$+0{,}0136$	$-0{,}0033$
$1:1:1{,}6:1{,}8$	$M_{ba}-M_{bc}$	$-0{,}474$	$-0{,}109$	$+0{,}026$	$q_2 l_2^2$	$-0{,}0523$	$-0{,}0410$	$+0{,}0096$
	$M_{cb}-M_{cd}$	$+0{,}154$	$-0{,}617$	$-0{,}089$	$q_3 l_3^2$	$+0{,}0166$	$-0{,}0668$	$-0{,}0430$
	$M_{dc}-M_{de}$	$-0{,}046$	$+0{,}185$	$-0{,}573$	$q_4 l_4^2$	$-0{,}0058$	$+0{,}0231$	$-0{,}0717$
		M_{ba}	M_{cb}	M_{dc}	$q_1 l_1^2$	$-0{,}0658$	$+0{,}0136$	$-0{,}0031$
$1:1:1{,}6:2$	$M_{ba}-M_{bc}$	$-0{,}474$	$-0{,}109$	$+0{,}025$	$q_2 l_2^2$	$-0{,}0524$	$-0{,}0408$	$+0{,}0091$
	$M_{cb}-M_{cd}$	$+0{,}155$	$-0{,}619$	$-0{,}084$	$q_3 l_3^2$	$+0{,}0169$	$-0{,}0678$	$-0{,}0403$
	$M_{dc}-M_{de}$	$-0{,}048$	$+0{,}194$	$-0{,}599$	$q_4 l_4^2$	$-0{,}0060$	$+0{,}0243$	$-0{,}0750$

Tafel 36

$l_1':l_2':l_3':l_4'$		Beliebige Belastung				Gleichmäßig verteilte Belastung		
		M_b	M_c	M_d		M_b	M_c	M_d
		M_{ba}	M_{cb}	M_{dc}	$q_1 l_1^2$	$-0{,}0605$	$+0{,}0141$	$-0{,}0041$
$1:1{,}2:1{,}6:1{,}2$	$M_{ba}-M_{bc}$	$-0{,}516$	$-0{,}113$	$+0{,}033$	$q_2 l_2^2$	$-0{,}0560$	$-0{,}0451$	$+0{,}0131$
	$M_{cb}-M_{cd}$	$+0{,}156$	$-0{,}571$	$-0{,}123$	$q_3 l_3^2$	$+0{,}0163$	$-0{,}0595$	$-0{,}0545$
	$M_{dc}-M_{de}$	$-0{,}039$	$+0{,}143$	$-0{,}469$	$q_4 l_4^2$	$-0{,}0049$	$+0{,}0179$	$-0{,}0586$
		M_{ba}	M_{cb}	M_{dc}	$q_1 l_1^2$	$-0{,}0605$	$+0{,}0140$	$-0{,}0038$
$1:1{,}2:1{,}6:1{,}4$	$M_{ba}-M_{bc}$	$-0{,}516$	$-0{,}112$	$+0{,}030$	$q_2 l_2^2$	$-0{,}0560$	$-0{,}0448$	$-0{,}0120$
	$M_{cb}-M_{cd}$	$+0{,}156$	$-0{,}573$	$-0{,}114$	$q_3 l_3^2$	$+0{,}0165$	$-0{,}0607$	$-0{,}0505$
	$M_{dc}-M_{de}$	$-0{,}042$	$+0{,}155$	$-0{,}508$	$q_4 l_4^2$	$-0{,}0053$	$+0{,}0194$	$-0{,}0635$
		M_{ba}	M_{cb}	M_{dc}	$q_1 l_1^2$	$-0{,}0605$	$+0{,}0140$	$-0{,}0035$
$1:1{,}2:1{,}6:1{,}6$	$M_{ba}-M_{bc}$	$-0{,}516$	$-0{,}112$	$+0{,}028$	$q_2 l_2^2$	$-0{,}0561$	$-0{,}0446$	$+0{,}0111$
	$M_{cb}-M_{cd}$	$+0{,}157$	$-0{,}575$	$-0{,}105$	$q_3 l_3^2$	$+0{,}0169$	$-0{,}0617$	$-0{,}0469$
	$M_{dc}-M_{de}$	$-0{,}045$	$+0{,}164$	$-0{,}542$	$q_4 l_4^2$	$-0{,}0056$	$+0{,}0205$	$-0{,}0678$
		M_{ba}	M_{cb}	M_{dc}	$q_1 l_1^2$	$-0{,}0605$	$+0{,}0140$	$-0{,}0034$
$1:1{,}2:1{,}6:1{,}8$	$M_{ba}-M_{bc}$	$-0{,}516$	$-0{,}112$	$+0{,}027$	$q_2 l_2^2$	$-0{,}0562$	$-0{,}0445$	$+0{,}0106$
	$M_{cb}-M_{cd}$	$+0{,}158$	$-0{,}577$	$-0{,}100$	$a_3 l_3^2$	$+0{,}0171$	$-0{,}0625$	$-0{,}0441$
	$M_{dc}-M_{de}$	$-0{,}047$	$+0{,}173$	$-0{,}570$	$q_4 l_4^2$	$-0{,}0059$	$+0{,}0216$	$-0{,}0712$
		M_{ba}	M_{cb}	M_{dc}	$q_1 l_1^2$	$-0{,}0605$	$+0{,}0139$	$-0{,}0031$
$1:1{,}2:1{,}6:2$	$M_{ba}-M_{bc}$	$-0{,}516$	$-0{,}111$	$+0{,}025$	$q_2 l_2^2$	$-0{,}0562$	$-0{,}0444$	$+0{,}0099$
	$M_{cb}-M_{cd}$	$+0{,}158$	$-0{,}579$	$-0{,}094$	$q_3 l_3^2$	$+0{,}0173$	$-0{,}0633$	$-0{,}0414$
	$M_{dc}-M_{de}$	$-0{,}049$	$+0{,}181$	$-0{,}596$	$q_4 l_4^2$	$-0{,}0061$	$+0{,}0226$	$-0{,}0745$

Tafel 37

$l'_1 : l'_2 : l'_3 : l'_4$	Beliebige Belastung				Gleichmäßig verteilte Belastung		
	M_b	M_c	M_d		M_b	M_c	M_d
	M_{ba}	M_{cb}	M_{dc}	$q_1 l_1^2$	$-0,0562$	$+0,0141$	$-0,0041$
$1:1,4:1,6:1,2$	$M_{ba}-M_{bc}$ $\ -0,550$	$-0,113$	$+0,033$	$q_2 l_2^2$	$-0,0588$	$-0,0480$	$+0,0139$
	$M_{cb}-M_{cd}$ $\ +0,156$	$-0,536$	$-0,133$	$q_3 l_3^2$	$+0,0163$	$-0,0559$	$-0,0555$
	$M_{dc}-M_{dc}$ $\ -0,039$	$+0,134$	$-0,467$	$q_4 l_4^2$	$-0,0049$	$+0,0168$	$-0,0584$
	M_{ba}	M_{cb}	M_{dc}	$q_1 l_1^2$	$-0,0562$	$+0,0141$	$-0,0038$
$1:1,4:1,6:1,4$	$M_{ba}-M_{bc}$ $\ -0,550$	$-0,113$	$+0,030$	$q_2 l_2^2$	$-0,0588$	$-0,0478$	$+0,0128$
	$M_{cb}-M_{cd}$ $\ +0,156$	$-0,538$	$-0,124$	$q_3 l_3^2$	$+0,0165$	$-0,0570$	$-0,0516$
	$M_{dc}-M_{dc}$ $\ -0,042$	$+0,145$	$-0,505$	$q_4 l_4^2$	$-0,0053$	$+0,0181$	$-0,0631$
	M_{ba}	M_{cb}	M_{dc}	$q_1 l_1^2$	$-0,0562$	$+0,0139$	$-0,0034$
$1:1,4:1,6:1,6$	$M_{ba}-M_{bc}$ $\ -0,550$	$-0,111$	$+0,027$	$q_2 l_2^2$	$-0,0590$	$-0,0475$	$+0,0119$
	$M_{cb}-M_{cd}$ $\ +0,158$	$-0,541$	$-0,115$	$q_3 l_3^2$	$+0,0170$	$-0,0580$	$-0,0480$
	$M_{dc}-M_{dc}$ $\ -0,045$	$+0,155$	$-0,539$	$q_4 l_4^2$	$-0,0056$	$+0,0194$	$-0,0674$
	M_{ba}	M_{cb}	M_{dc}	$q_1 l_1^2$	$-0,0562$	$+0,0139$	$-0,0033$
$1:1,4:1,6:1,8$	$M_{ba}-M_{bc}$ $\ -0,550$	$-0,111$	$+0,026$	$q_2 l_2^2$	$-0,0591$	$-0,0474$	$+0,0111$
	$M_{cb}-M_{cd}$ $\ +0,158$	$-0,542$	$-0,107$	$q_3 l_3^2$	$+0,0171$	$-0,0588$	$-0,0449$
	$M_{dc}-M_{de}$ $\ -0,047$	$+0,163$	$-0,568$	$q_4 l_4^2$	$-0,0059$	$+0,0204$	$-0,0710$
	M_{ba}	M_{cb}	M_{dc}	$q_1 l_1^2$	$-0,0562$	$+0,0139$	$-0,0030$
$1:1,4:1,6:2$	$M_{ba}-M_{bc}$ $\ -0,550$	$-0,111$	$+0,024$	$q_2 l_2^2$	$-0,0592$	$-0,0473$	$+0,0104$
	$M_{cb}-M_{cd}$ $\ +0,159$	$-0,544$	$-0,101$	$q_3 l_3^2$	$+0,0175$	$-0,0595$	$-0,0422$
	$M_{dc}-M_{de}$ $\ -0,050$	$+0,170$	$-0,593$	$q_4 l_4^2$	$-0,0063$	$+0,0212$	$-0,0741$

Tafel 38

$l'_1:l'_2:l'_3:l'_4$	Beliebige Belastung	M_b	M_c	M_d	Gleichmäßig verteilte Belastung	M_b	M_c	M_d
	M_{ba}	M_{cb}	M_{dc}		$q_1 l_1^2$	$-0,0525$	$+0,0142$	$-0,0044$
$1:1,6:1,6:1$	$M_{ba}-M_{bc}$	$-0,580$	$-0,114$	$+0,035$	$q_2 l_2^2$	$-0,0611$	$-0,0511$	$+0,0157$
	$M_{cb}-M_{cd}$	$+0,154$	$-0,500$	$-0,154$	$q_3 l_3^2$	$+0,0157$	$-0,0511$	$-0,0611$
	$M_{dc}-M_{de}$	$-0,035$	$+0,114$	$-0,420$	$q_4 l_4^2$	$-0,0044$	$+0,0142$	$-0,0525$
	M_{ba}	M_{cb}	M_{dc}		$q_1 l_1^2$	$-0,0525$	$+0,0141$	$-0,0040$
$1:1,6:1,6:1,2$	$M_{ba}-M_{bc}$	$-0,580$	$-0,113$	$+0,032$	$q_2 l_2^2$	$-0,0612$	$-0,0507$	$+0,0145$
	$M_{cb}-M_{cd}$	$+0,154$	$-0,504$	$-0,142$	$q_3 l_3^2$	$+0,0161$	$-0,0525$	$-0,0565$
	$M_{dc}-M_{de}$	$-0,039$	$+0,126$	$-0,464$	$q_4 l_4^2$	$-0,0049$	$+0,0158$	$-0,0580$
	M_{ba}	M_{cb}	M_{dc}		$q_1 l_1^2$	$-0,0525$	$+0,0141$	$-0,0038$
$1:1,6:1,6:1,4$	$M_{ba}-M_{bc}$	$-0,580$	$-0,113$	$+0,030$	$q_2 l_2^2$	$-0,0614$	$-0,0505$	$+0,0135$
	$M_{cb}-M_{cd}$	$+0,156$	$-0,507$	$-0,132$	$q_3 l_3^2$	$+0,0165$	$-0,0535$	$-0,0524$
	$M_{dc}-M_{de}$	$-0,042$	$+0,136$	$-0,503$	$q_4 l_4^2$	$-0,0053$	$+0,0170$	$-0,0629$
	M_{ba}	M_{cb}	M_{dc}		$q_1 l_1^2$	$-0,0525$	$+0,0140$	$-0,0035$
$1:1,6:1,6:1,6$	$M_{ba}-M_{bc}$	$-0,580$	$-0,112$	$+0,028$	$q_2 l_2^2$	$-0,0615$	$-0,0502$	$+0,0126$
	$M_{cb}-M_{cd}$	$+0,157$	$-0,509$	$-0,124$	$q_3 l_3^2$	$+0,0169$	$-0,0546$	$-0,0488$
	$M_{dc}-M_{de}$	$-0,045$	$+0,146$	$-0,537$	$q_4 l_4^2$	$-0,0056$	$+0,0183$	$-0,0672$
	M_{ba}	M_{cb}	M_{dc}		$q_1 l_1^2$	$-0,0525$	$+0,0140$	$-0,0034$
$1:1,6:1,6:1,8$	$M_{ba}-M_{bc}$	$-0,580$	$-0,112$	$+0,027$	$q_2 l_2^2$	$-0,0615$	$-0,0500$	$+0,0120$
	$M_{cb}-M_{cd}$	$+0,157$	$-0,511$	$-0,116$	$q_3 l_3^2$	$+0,0170$	$-0,0554$	$-0,0460$
	$M_{dc}-M_{de}$	$-0,047$	$+0,153$	$-0,565$	$q_4 l_4^2$	$-0,0059$	$+0,0191$	$-0,0705$
	M_{ba}	M_{cb}	M_{dc}		$q_1 l_1^2$	$-0,0525$	$+0,0139$	$-0,0031$
$1:1,6:1,6:2$	$M_{ba}-M_{bc}$	$-0,580$	$-0,111$	$+0,025$	$q_2 l_2^2$	$-0,0616$	$-0,0498$	$+0,0113$
	$M_{cb}-M_{cd}$	$+0,158$	$-0,513$	$-0,110$	$q_3 l_3^2$	$+0,0173$	$-0,0561$	$-0,0432$
	$M_{dc}-M_{de}$	$-0,049$	$+0,160$	$-0,591$	$q_4 l_4^2$	$-0,0061$	$+0,0200$	$-0,0740$

Tafel 39

$l'_1:l'_2:l'_3:l'_4$		Beliebige Belastung				Gleichmäßig verteilte Belastung		
		M_b	M_c	M_d		M_b	M_c	M_d
		M_{ba}	M_{cb}	M_{dc}	$q_1 l_1^2$	$-0{,}0491$	$+0{,}0141$	$-0{,}0044$
$1:1{,}8:1{,}6:1$	$M_{ba}-M_{bc}$	$-0{,}607$	$-0{,}113$	$+0{,}035$	$q_2 l_2^2$	$-0{,}0633$	$-0{,}0533$	$+0{,}0164$
	$M_{cb}-M_{cd}$	$+0{,}152$	$-0{,}473$	$-0{,}162$	$q_3 l_3^2$	$+0{,}0156$	$-0{,}0484$	$-0{,}0620$
	$M_{dc}-M_{de}$	$-0{,}035$	$+0{,}108$	$-0{,}418$	$q_4 l_4^2$	$-0{,}0044$	$+0{,}0135$	$-0{,}0522$
		M_{ba}	M_{cb}	M_{dc}	$q_1 l_1^2$	$-0{,}0491$	$+0{,}0140$	$-0{,}0040$
$1:1{,}8:1{,}6:1{,}2$	$M_{ba}-M_{bc}$	$-0{,}607$	$-0{,}112$	$+0{,}032$	$q_2 l_2^2$	$-0{,}0633$	$-0{,}0529$	$+0{,}0153$
	$M_{cb}-M_{cd}$	$+0{,}152$	$-0{,}476$	$-0{,}151$	$q_3 l_3^2$	$+0{,}0159$	$-0{,}0496$	$-0{,}0574$
	$M_{dc}-M_{de}$	$-0{,}038$	$+0{,}119$	$-0{,}462$	$q_4 l_4^2$	$-0{,}0047$	$+0{,}0149$	$-0{,}0578$
		M_{ba}	M_{cb}	M_{dc}	$q_1 l_1^2$	$-0{,}0490$	$+0{,}0139$	$-0{,}0036$
$1:1{,}8:1{,}6:1{,}4$	$M_{ba}-M_{bc}$	$-0{,}608$	$-0{,}111$	$+0{,}029$	$q_2 l_2^2$	$-0{,}0635$	$-0{,}0528$	$+0{,}0140$
	$M_{cb}-M_{cd}$	$+0{,}153$	$-0{,}478$	$-0{,}139$	$q_3 l_3^2$	$+0{,}0162$	$-0{,}0506$	$-0{,}0531$
	$M_{dc}-M_{de}$	$-0{,}041$	$+0{,}129$	$-0{,}501$	$q_4 l_4^2$	$-0{,}0051$	$+0{,}0161$	$-0{,}0627$
		M_{ba}	M_{cb}	M_{dc}	$q_1 l_1^2$	$-0{,}0490$	$+0{,}0139$	$-0{,}0035$
$1:1{,}8:1{,}6:1{,}6$	$M_{ba}-M_{bc}$	$-0{,}608$	$-0{,}111$	$+0{,}028$	$q_2 l_2^2$	$-0{,}0636$	$-0{,}0525$	$+0{,}0132$
	$M_{cb}-M_{cd}$	$+0{,}155$	$-0{,}481$	$-0{,}131$	$q_3 l_3^2$	$+0{,}0166$	$-0{,}0510$	$-0{,}0498$
	$M_{dc}-M_{de}$	$-0{,}044$	$+0{,}131$	$-0{,}533$	$q_4 l_4^2$	$-0{,}0055$	$+0{,}0164$	$-0{,}0666$
		M_{ba}	M_{cb}	M_{dc}	$q_1 l_1^2$	$-0{,}0490$	$+0{,}0139$	$-0{,}0034$
$1:1{,}8:1{,}6:1{,}8$	$M_{ba}-M_{bc}$	$-0{,}608$	$-0{,}111$	$+0{,}027$	$q_2 l_2^2$	$-0{,}0637$	$-0{,}0523$	$+0{,}0125$
	$M_{cb}-M_{cd}$	$+0{,}156$	$-0{,}483$	$-0{,}122$	$q_3 l_3^2$	$+0{,}0169$	$-0{,}0524$	$-0{,}0466$
	$M_{dc}-M_{de}$	$-0{,}047$	$+0{,}145$	$-0{,}563$	$q_4 l_4^2$	$-0{,}0059$	$+0{,}0181$	$-0{,}0704$
		M_{ba}	M_{cb}	M_{dc}	$q_1 l_1^2$	$-0{,}0490$	$+0{,}0138$	$-0{,}0031$
$1:1{,}8:1{,}6:2$	$M_{ba}-M_{bc}$	$-0{,}608$	$-0{,}110$	$+0{,}025$	$q_2 l_2^2$	$-0{,}0637$	$-0{,}0522$	$+0{,}0116$
	$M_{cb}-M_{cd}$	$+0{,}156$	$-0{,}484$	$-0{,}114$	$q_3 l_3^2$	$+0{,}0171$	$-0{,}0529$	$-0{,}0437$
	$M_{dc}-M_{de}$	$-0{,}049$	$+0{,}151$	$-0{,}589$	$q_4 l_4^2$	$-0{,}0061$	$+0{,}0189$	$-0{,}0736$

Tafel 40

$l_1':l_2':l_3':l_4'$		Beliebige Belastung				Gleichmäßig verteilte Belastung		
		M_b	M_c	M_d		M_b	M_c	M_d
		M_{ba}	M_{cb}	M_{dc}	$q_1 l_1^2$	$-0{,}0462$	$+0{,}0136$	$-0{,}0043$
$1:2:1{,}6:1$	$M_{ba}-M_{bc}$	$-0{,}630$	$-0{,}109$	$+0{,}034$	$q_2 l_2^2$	$-0{,}0649$	$-0{,}0550$	$+0{,}0170$
	$M_{cb}-M_{cd}$	$+0{,}149$	$-0{,}449$	$-0{,}170$	$q_3 l_3^2$	$+0{,}0152$	$-0{,}0459$	$-0{,}0628$
	$M_{dc}-M_{de}$	$-0{,}034$	$+0{,}102$	$-0{,}416$	$q_4 l_4^2$	$-0{,}0043$	$+0{,}0128$	$-0{,}0520$
		M_{ba}	M_{cb}	M_{dc}	$q_1 l_1^2$	$-0{,}0462$	$+0{,}0136$	$-0{,}0040$
$1:2:1{,}6:1{,}2$	$M_{ba}-M_{bc}$	$-0{,}630$	$-0{,}109$	$+0{,}032$	$q_2 l_2^2$	$-0{,}0651$	$-0{,}0547$	$+0{,}0159$
	$M_{cb}-M_{cd}$	$+0{,}151$	$-0{,}452$	$-0{,}158$	$q_3 l_3^2$	$+0{,}0158$	$-0{,}0471$	$-0{,}0581$
	$M_{dc}-M_{de}$	$-0{,}038$	$+0{,}113$	$-0{,}460$	$q_4 l_4^2$	$-0{,}0048$	$+0{,}0141$	$-0{,}0575$
		M_{ba}	M_{cb}	M_{dc}	$q_1 l_1^2$	$-0{,}0460$	$+0{,}0135$	$-0{,}0036$
$1:2:1{,}6:1{,}4$	$M_{ba}-M_{bc}$	$-0{,}631$	$-0{,}108$	$+0{,}029$	$q_2 l_2^2$	$-0{,}0654$	$-0{,}0544$	$+0{,}0146$
	$M_{cb}-M_{cd}$	$+0{,}153$	$-0{,}455$	$-0{,}146$	$q_3 l_3^2$	$+0{,}0162$	$-0{,}0482$	$-0{,}0539$
	$M_{dc}-M_{de}$	$-0{,}041$	$+0{,}123$	$-0{,}499$	$q_4 l_4^2$	$-0{,}0051$	$+0{,}0154$	$-0{,}0624$
		M_{ba}	M_{cb}	M_{dc}	$q_1 l_1^2$	$-0{,}0460$	$+0{,}0135$	$-0{,}0034$
$1:2:1{,}6:1{,}6$	$M_{ba}-M_{bc}$	$-0{,}631$	$-0{,}108$	$+0{,}027$	$q_2 l_2^2$	$-0{,}0654$	$-0{,}0541$	$+0{,}0136$
	$M_{cb}-M_{cd}$	$+0{,}153$	$-0{,}458$	$-0{,}136$	$q_3 l_3^2$	$+0{,}0165$	$-0{,}0491$	$-0{,}0502$
	$M_{dc}-M_{de}$	$-0{,}044$	$+0{,}131$	$-0{,}532$	$q_4 l_4^2$	$-0{,}0055$	$+0{,}0164$	$-0{,}0665$
		M_{ba}	M_{cb}	M_{dc}	$q_1 l_1^2$	$-0{,}0460$	$+0{,}0134$	$-0{,}0031$
$1:2:1{,}6:1{,}8$	$M_{ba}-M_{bc}$	$-0{,}631$	$-0{,}107$	$+0{,}025$	$q_2 l_2^2$	$-0{,}0654$	$-0{,}0540$	$+0{,}0128$
	$M_{cb}-M_{cd}$	$+0{,}154$	$-0{,}459$	$-0{,}128$	$q_3 l_3^2$	$+0{,}0166$	$-0{,}0497$	$-0{,}0471$
	$M_{dc}-M_{de}$	$-0{,}046$	$+0{,}138$	$-0{,}562$	$q_4 l_4^2$	$-0{,}0058$	$+0{,}0173$	$-0{,}0703$
		M_{ba}	M_{cb}	M_{dc}	$q_1 l_1^2$	$-0{,}0460$	$+0{,}0134$	$-0{,}0020$
$1:2:1{,}6:2$	$M_{ba}-M_{bc}$	$-0{,}631$	$-0{,}107$	$+0{,}024$	$q_2 l_2^2$	$-0{,}0655$	$-0{,}0536$	$+0{,}0130$
	$M_{cb}-M_{cd}$	$+0{,}155$	$-0{,}462$	$-0{,}120$	$q_3 l_3^2$	$+0{,}0170$	$-0{,}0507$	$-0{,}0444$
	$M_{dc}-M_{de}$	$-0{,}049$	$+0{,}145$	$-0{,}587$	$q_4 l_4^2$	$-0{,}0061$	$+0{,}0181$	$-0{,}0734$

Tafel 41

$l'_1:l'_2:l'_3:l'_4$		Beliebige Belastung				Gleichmäßig verteilte Belastung		
		M_b	M_c	M_d		M_b	M_c	M_d
		M_{ba}	M_{cb}	M_{dc}	$q_1 l_1^2$	$-0,0658$	$+0,0130$	$-0,0039$
$1:1:1,8:1,2$	$M_{ba}-M_{bc}$	$-0,474$	$-0,104$	$+0,031$	$q_2 l_2^2$	$-0,0528$	$-0,0391$	$+0,0117$
	$M_{cb}-M_{cd}$	$+0,159$	$-0,635$	$-0,109$	$q_3 l_3^2$	$+0,0165$	$-0,0654$	$-0,0553$
	$M_{dc}-M_{de}$	$-0,038$	$+0,150$	$-0,445$	$q_4 l_4^2$	$-0,0048$	$+0,0188$	$-0,0556$
		M_{ba}	M_{cb}	M_{dc}	$q_1 l_1^2$	$-0,0658$	$+0,0129$	$-0,0035$
$1:1:1,8:1,4$	$M_{ba}-M_{bc}$	$-0,474$	$-0,103$	$+0,028$	$q_2 l_2^2$	$-0,0528$	$-0,0387$	$+0,0107$
	$M_{cb}-M_{cd}$	$+0,159$	$-0,638$	$-0,101$	$q_3 l_3^2$	$+0,0167$	$-0,0668$	$-0,0514$
	$M_{dc}-M_{de}$	$-0,041$	$+0,163$	$-0,483$	$q_4 l_4^2$	$-0,0051$	$+0,0204$	$-0,0604$
		M_{ba}	M_{cb}	M_{dc}	$q_1 l_1^2$	$-0,0658$	$+0,0129$	$-0,0034$
$1:1:1,8:1,6$	$M_{ba}-M_{bc}$	$-0,474$	$-0,103$	$+0,027$	$q_2 l_2^2$	$-0,0528$	$-0,0385$	$+0,0102$
	$M_{cb}-M_{cd}$	$+0,160$	$-0,640$	$-0,095$	$q_3 l_3^2$	$+0,0170$	$-0,0679$	$-0,0481$
	$M_{dc}-M_{de}$	$-0,044$	$+0,174$	$-0,517$	$q_4 l_4^2$	$-0,0055$	$+0,0218$	$-0,0646$
		M_{ba}	M_{cb}	M_{dc}	$q_1 l_1^2$	$-0,0658$	$+0,0128$	$-0,0033$
$1:1:1,8:1,8$	$M_{ba}-M_{bc}$	$-0,474$	$-0,102$	$+0,026$	$q_2 l_2^2$	$-0,0529$	$-0,0383$	$+0,0097$
	$M_{cb}-M_{cd}$	$+0,161$	$-0,642$	$-0,090$	$q_3 l_3^2$	$+0,0172$	$-0,0688$	$-0,0453$
	$M_{dc}-M_{de}$	$-0,046$	$+0,184$	$-0,546$	$q_4 l_4^2$	$-0,0058$	$+0,0230$	$-0,0683$
		M_{ba}	M_{cb}	M_{dc}	$q_1 l_1^2$	$-0,0658$	$+0,0128$	$-0,0031$
$1:1:1,8:2$	$M_{ba}-M_{bc}$	$-0,474$	$-0,102$	$+0,025$	$q_2 l_2^2$	$-0,0529$	$-0,0381$	$+0,0092$
	$M_{cb}-M_{cd}$	$+0,161$	$-0,644$	$-0,085$	$q_3 l_3^2$	$+0,0174$	$-0,0698$	$-0,0427$
	$M_{dc}-M_{de}$	$-0,048$	$+0,193$	$-0,572$	$q_4 l_4^2$	$-0,0060$	$+0,0242$	$-0,0715$

Tafel 42

$l'_1:l'_2:l'_3:l'_4$	Beliebige Belastung				Gleichmäßig verteilte Belastung		
		M_b	M_c	M_d		M_b	M_c	M_d
	M_{ba}	M_{cb}	M_{dc}	$q_1 l_1^2$	$-0{,}0604$	$+0{,}0132$	$-0{,}0040$
$1:1{,}2:1{,}8:1{,}2$	$M_{ba}-M_{bc}$	$-0{,}517$	$-0{,}106$	$+0{,}032$	$q_2 l_2^2$	$-0{,}0567$	$-0{,}0423$	$+0{,}0128$
	$M_{cb}-M_{cd}$	$+0{,}163$	$-0{,}597$	$-0{,}121$	$q_3 l_3^2$	$+0{,}0169$	$-0{,}0616$	$-0{,}0566$
	$M_{dc}-M_{de}$	$-0{,}039$	$+0{,}141$	$-0{,}442$	$q_4 l_4^2$	$-0{,}0049$	$+0{,}0176$	$-0{,}0552$
	M_{ba}	M_{cb}	M_{dc}	$q_1 l_1^2$	$-0{,}0604$	$+0{,}0131$	$-0{,}0036$
$1:1{,}2:1{,}8:1{,}4$	$M_{ba}-M_{bc}$	$-0{,}517$	$-0{,}105$	$+0{,}029$	$q_2 l_2^2$	$-0{,}0568$	$-0{,}0421$	$+0{,}0117$
	$M_{cb}-M_{cd}$	$+0{,}164$	$-0{,}600$	$-0{,}112$	$q_3 l_3^2$	$+0{,}0172$	$-0{,}0628$	$-0{,}0526$
	$M_{dc}-M_{de}$	$-0{,}042$	$+0{,}153$	$-0{,}480$	$q_4 l_4^2$	$-0{,}0053$	$+0{,}0193$	$-0{,}0600$
	M_{ba}	M_{cb}	M_{dc}	$q_1 l_1^2$	$-0{,}0604$	$+0{,}0130$	$-0{,}0034$
$1:1{,}2:1{,}8:1{,}6$	$M_{ba}-M_{bc}$	$-0{,}517$	$-0{,}104$	$+0{,}027$	$q_2 l_2^2$	$-0{,}0569$	$-0{,}0418$	$+0{,}0111$
	$M_{cb}-M_{cd}$	$+0{,}165$	$-0{,}602$	$-0{,}105$	$q_3 l_3^2$	$+0{,}0176$	$-0{,}0639$	$-0{,}0493$
	$M_{dc}-M_{de}$	$-0{,}045$	$+0{,}164$	$-0{,}514$	$q_4 l_4^2$	$-0{,}0056$	$+0{,}0205$	$-0{,}0643$
	M_{ba}	M_{cb}	M_{dc}	$q_1 l_1^2$	$-0{,}0604$	$+0{,}0130$	$-0{,}0033$
$1:1{,}2:1{,}8:1{,}8$	$M_{ba}-M_{bc}$	$-0{,}517$	$-0{,}104$	$+0{,}026$	$q_2 l_2^2$	$-0{,}0569$	$-0{,}0417$	$+0{,}0105$
	$M_{cb}-M_{cd}$	$+0{,}165$	$-0{,}603$	$-0{,}099$	$q_3 l_3^2$	$+0{,}0177$	$-0{,}0647$	$-0{,}0462$
	$M_{dc}-M_{de}$	$-0{,}047$	$+0{,}173$	$-0{,}544$	$q_4 l_4^2$	$-0{,}0059$	$+0{,}0216$	$-0{,}0680$
	M_{ba}	M_{cb}	M_{dc}	$q_1 l_1^2$	$-0{,}0604$	$+0{,}0129$	$-0{,}0030$
$1:1{,}2:1{,}8:2$	$M_{ba}-M_{bc}$	$-0{,}517$	$-0{,}103$	$+0{,}024$	$q_2 l_2^2$	$-0{,}0569$	$-0{,}0415$	$+0{,}0098$
	$M_{cb}-M_{cd}$	$+0{,}165$	$-0{,}605$	$-0{,}094$	$q_3 l_3^2$	$+0{,}0179$	$-0{,}0655$	$-0{,}0437$
	$M_{dc}-M_{de}$	$-0{,}049$	$+0{,}181$	$-0{,}569$	$q_4 l^2$	$-0{,}0061$	$+0{,}0226$	$-0{,}0711$

Tafel 43

$l'_1:l'_2:l'_3:l'_4$	Beliebige Belastung				Gleichmäßig verteilte Belastung		
		M_b	M_c	M_d		M_b	M_c	M_d
		M_{ba}	M_{cb}	M_{dc}	$q_1 l_1^2$	$-0{,}0560$	$+0{,}0134$	$-0{,}0041$
$1:1{,}4:1{,}8:1{,}2$	$M_{ba}-M_{bc}$	$-0{,}552$	$-0{,}107$	$+0{,}033$	$q_2 l_2^2$	$-0{,}0597$	$-0{,}0454$	$+0{,}0138$
	$M_{cb}-M_{cd}$	$+0{,}164$	$-0{,}561$	$-0{,}132$	$q_3 l_3^2$	$+0{,}0170$	$-0{,}0578$	$-0{,}0576$
	$M_{dc}-M_{de}$	$-0{,}039$	$+0{,}132$	$-0{,}440$	$q_4 l_4^2$	$-0{,}0049$	$+0{,}0165$	$-0{,}0551$
		M_{ba}	M_{cb}	M_{dc}	$q_1 l_1^2$	$-0{,}0560$	$+0{,}0134$	$-0{,}0038$
$1:1{,}4:1{,}8:1{,}4$	$M_{ba}-M_{bc}$	$-0{,}552$	$-0{,}107$	$+0{,}030$	$q_2 l_2^2$	$-0{,}0598$	$-0{,}0452$	$+0{,}0128$
	$M_{cb}-M_{cd}$	$+0{,}165$	$-0{,}564$	$-0{,}123$	$q_3 l_3^2$	$+0{,}0173$	$-0{,}0590$	$-0{,}0538$
	$M_{dc}-M_{de}$	$-0{,}042$	$+0{,}144$	$-0{,}478$	$q_4 l_4^2$	$-0{,}0053$	$+0{,}0180$	$-0{,}0598$
		M_{ba}	M_{cb}	M_{dc}	$q_1 l_1^2$	$-0{,}0560$	$+0{,}0133$	$-0{,}0035$
$1:1{,}4:1{,}8:1{,}6$	$M_{ba}-M_{bc}$	$-0{,}552$	$-0{,}106$	$+0{,}028$	$q_2 l_2^2$	$-0{,}0598$	$-0{,}0449$	$+0{,}0118$
	$M_{cb}-M_{cd}$	$+0{,}165$	$-0{,}566$	$-0{,}114$	$q_3 l_3^2$	$+0{,}0176$	$-0{,}0600$	$-0{,}0501$
	$M_{dc}-M_{de}$	$-0{,}045$	$+0{,}154$	$-0{,}512$	$q_4 l_4^2$	$-0{,}0056$	$+0{,}0192$	$-0{,}0640$
		M_{ba}	M_{cb}	M_{dc}	$q_1 l_1^2$	$-0{,}0559$	$+0{,}0131$	$-0{,}0033$
$1:1{,}4:1{,}8:1{,}8$	$M_{ba}-M_{bc}$	$-0{,}553$	$-0{,}105$	$+0{,}026$	$q_2 l_2^2$	$-0{,}0600$	$-0{,}0447$	$+0{,}0112$
	$M_{cb}-M_{cd}$	$+0{,}166$	$-0{,}568$	$-0{,}108$	$q_3 l_3^2$	$+0{,}0179$	$-0{,}0610$	$-0{,}0472$
	$M_{dc}-M_{de}$	$-0{,}048$	$+0{,}163$	$-0{,}541$	$q_4 l_4^2$	$-0{,}0060$	$+0{,}0204$	$-0{,}0676$
		M_{ba}	M_{cb}	M_{dc}	$q_1 l_1^2$	$-0{,}0559$	$+0{,}0131$	$-0{,}0031$
$1:1{,}4:1{,}8:2$	$M_{ba}-M_{bc}$	$-0{,}553$	$-0{,}105$	$+0{,}025$	$q_2 l_2^2$	$-0{,}0600$	$-0{,}0446$	$+0{,}0106$
	$M_{cb}-M_{cd}$	$+0{,}167$	$-0{,}570$	$-0{,}102$	$q_3 l_3^2$	$+0{,}0181$	$-0{,}0617$	$-0{,}0446$
	$M_{dc}-M_{de}$	$-0{,}050$	$+0{,}170$	$-0{,}566$	$q_4 l_4^2$	$-0{,}0062$	$+0{,}0213$	$-0{,}0707$

Tafel 44

$l_1':l_2':l_3':l_4'$		Beliebige Belastung				Gleichmäßig verteilte Belastung		
		M_b	M_c	M_d		M_b	M_c	M_d
		M_{ba}	M_{cb}	M_{dc}	$q_1\,l_1^2$	$-0{,}0520$	$+0{,}0134$	$-0{,}0041$
$1:1,6:1,8:1,2$	$M_{ba}-M_{bc}$	$-0{,}583$	$-0{,}107$	$+0{,}033$	$q_2\,l_2^2$	$-0{,}0623$	$-0{,}0479$	$+0{,}0146$
	$M_{cb}-M_{cd}$	$+0{,}164$	$-0{,}531$	$-0{,}141$	$q_3\,l_3^2$	$+0{,}0170$	$-0{,}0547$	$-0{,}0585$
	$M_{dc}-M_{de}$	$-0{,}039$	$+0{,}125$	$-0{,}438$	$q_4\,l_4^2$	$-0{,}0049$	$+0{,}0156$	$-0{,}0548$
		M_{ba}	M_{cb}	M_{dc}	$q_1\,l_1^2$	$-0{,}0520$	$+0{,}0133$	$-0{,}0038$
$1:1,6:1,8:1,4$	$M_{ba}-M_{bc}$	$-0{,}583$	$-0{,}106$	$+0{,}030$	$q_2\,l_2^2$	$-0{,}0623$	$-0{,}0477$	$+0{,}0134$
	$M_{cb}-M_{cd}$	$+0{,}165$	$-0{,}533$	$-0{,}131$	$q_3\,l_3^2$	$+0{,}0172$	$-0{,}0557$	$-0{,}0545$
	$M_{dc}-M_{de}$	$-0{,}042$	$+0{,}136$	$-0{,}476$	$q_4\,l_4^2$	$-0{,}0053$	$+0{,}0170$	$-0{,}0595$
		M_{ba}	M_{cb}	M_{dc}	$q_1\,l_1^2$	$-0{,}0520$	$+0{,}0133$	$-0{,}0035$
$1:1,6:1,8:1,6$	$M_{ba}-M_{bc}$	$-0{,}583$	$-0{,}106$	$+0{,}028$	$q_2\,l_2^2$	$-0{,}0623$	$-0{,}0475$	$+0{,}0126$
	$M_{cb}-M_{cd}$	$+0{,}165$	$-0{,}535$	$-0{,}123$	$q_3\,l_3^2$	$+0{,}0174$	$-0{,}0568$	$-0{,}0511$
	$M_{dc}-M_{de}$	$-0{,}045$	$+0{,}146$	$-0{,}510$	$q_4\,l_4^2$	$-0{,}0056$	$+0{,}0183$	$-0{,}0638$
		M_{ba}	M_{cb}	M_{dc}	$q_1\,l_1^2$	$-0{,}0520$	$+0{,}0131$	$-0{,}0033$
$1:1,6:1,8:1,8$	$M_{ba}-M_{bc}$	$-0{,}583$	$-0{,}105$	$+0{,}026$	$q_2\,l_2^2$	$-0{,}0624$	$-0{,}0473$	$+0{,}0118$
	$M_{cb}-M_{cd}$	$+0{,}166$	$-0{,}538$	$-0{,}115$	$q_3\,l_3^2$	$+0{,}0178$	$-0{,}0576$	$-0{,}0480$
	$M_{dc}-M_{de}$	$-0{,}048$	$+0{,}154$	$-0{,}539$	$q_4\,l_4^2$	$-0{,}0060$	$+0{,}0193$	$-0{,}0674$
		M_{ba}	M_{cb}	M_{dc}	$q_1\,l_1^2$	$-0{,}0520$	$+0{,}0131$	$-0{,}0031$
$1:1,6:1,8:2$	$M_{ba}-M_{bc}$	$-0{,}583$	$-0{,}105$	$+0{,}025$	$q_2\,l_2^2$	$-0{,}0625$	$-0{,}0471$	$+0{,}0112$
	$M_{cb}-M_{cd}$	$+0{,}167$	$-0{,}540$	$-0{,}109$	$q_3\,l_3^2$	$+0{,}0181$	$-0{,}0585$	$-0{,}0454$
	$M_{dc}-M_{de}$	$-0{,}050$	$+0{,}162$	$-0{,}564$	$q_4\,l_4^2$	$-0{,}0063$	$+0{,}0203$	$-0{,}0705$

Tafel 45

$l'_1 : l'_2 : l'_3 : l'_4$	Beliebige Belastung				Gleichmäßig verteilte Belastung		
		M_b	M_c	M_d		M_b	M_c	M_d
		M_{ba}	M_{cb}	M_{dc}	$q_1 l_1^2$	$-0,0490$	$+0,0133$	$-0,0043$
$1:1,8:1,8:1$	$M_{ba}-M_{bc}$	$-0,608$	$-0,106$	$+0,034$	$q_2 l_2^2$	$-0,0641$	$-0,0505$	$+0,0162$
	$M_{cb}-M_{cd}$	$+0,161$	$-0,500$	$-0,161$	$q_3 l_3^2$	$+0,0162$	$-0,0505$	$-0,0641$
	$M_{dc}-M_{dc}$	$-0,034$	$+0,106$	$-0,392$	$q_4 l_4^2$	$-0,0043$	$+0,0133$	$-0,0490$
		M_{ba}	M_{cb}	M_{dc}	$q_1 l_1^2$	$-0,0490$	$+0,0133$	$-0,0040$
$1:1,8:1,8:1,2$	$M_{ba}-M_{bc}$	$-0,608$	$-0,106$	$+0,032$	$q_2 l_2^2$	$-0,0641$	$-0,0501$	$+0,0151$
	$M_{cb}-M_{cd}$	$+0,162$	$-0,504$	$-0,149$	$q_3 l_3^2$	$+0,0167$	$-0,0519$	$-0,0594$
	$M_{dc}-M_{de}$	$-0,038$	$+0,119$	$-0,436$	$q_4 l_4^2$	$-0,0047$	$+0,0149$	$-0,0545$
		M_{ba}	M_{cb}	M_{dc}	$q_1 l_1^2$	$-0,0490$	$+0,0133$	$-0,0038$
$1:1,8:1,8:1,4$	$M_{ba}-M_{bc}$	$-0,608$	$-0,106$	$+0\,030$	$q_2 l_2^2$	$-0,0641$	$-0,0499$	$+0,0141$
	$M_{cb}-M_{cd}$	$+0,162$	$-0,506$	$-0,139$	$q_3 l_3^2$	$+0,0169$	$-0,0530$	$-0,0554$
	$M_{dc}-M_{de}$	$-0,041$	$+0,129$	$-0,474$	$q_4 l_4^2$	$-0,0051$	$+0,0161$	$-0,0592$
		M_{ba}	M_{cb}	M_{dc}	$q_1 l_1^2$	$-0,0490$	$+0,0132$	$-0,0035$
$1:1,8:1,8:1,6$	$M_{ba}-M_{bc}$	$-0,608$	$-0,106$	$+0,028$	$q_2 l_2^2$	$-0,0642$	$-0,0497$	$+0,0131$
	$M_{cb}-M_{cd}$	$+0,163$	$-0,508$	$-0,130$	$q_3 l_3^2$	$+0,0173$	$-0,0539$	$-0,0517$
	$M_{dc}-M_{dc}$	$-0,044$	$+0,138$	$-0,508$	$q_4 l_4^2$	$-0,0055$	$+0,0173$	$-0,0635$
		M_{ba}	M_{cb}	M_{dc}	$q_1 l_1^2$	$-0,0490$	$+0,0131$	$-0\,0033$
$1:1,8:1,8:1,8$	$M_{ba}-M_{bc}$	$-0,608$	$-0,105$	$+0,026$	$q_2 l_2^2$	$-0,0643$	$-0,0495$	$+0,0125$
	$M_{cb}-M_{cd}$	$+0,164$	$-0,511$	$-0,123$	$q_3 l_3^2$	$+0,0176$	$-0,0548$	$-0,0489$
	$M_{dc}-M_{de}$	$-0,047$	$+0,146$	$-0,537$	$q_4 l_4^2$	$-0,0059$	$+0,0183$	$-0,0671$
		M_{ba}	M_{cb}	M_{dc}	$q_1 l_1^2$	$-0,0490$	$+0,0131$	$-0,0031$
$1:1,8:1,8:2$	$M_{ba}-M_{bc}$	$-0,608$	$-0,105$	$+0,025$	$q_2 l_2^2$	$-0,0644$	$-0,0493$	$+0,0119$
	$M_{cb}-M_{cd}$	$+0,165$	$-0,513$	$-0,117$	$q_3 l_3^2$	$+0,0179$	$-0,0556$	$-0,0463$
	$M_{dc}-M_{de}$	$-0,049$	$+0,153$	$-0,562$	$q_4 l_4^2$	$-0,0061$	$+0,0191$	$-0,0702$

Tafel 46

$l'_1:l'_2:l'_3:l'_4$	Beliebige Belastung				Gleichmäßig verteilte Belastung		
		M_b	M_c	M_d		M_b	M_c	M_d
		M_{ba}	M_{cb}	M_{dc}	$q_1 l_1^2$	$-0{,}0460$	$+0{,}0131$	$-0{,}0041$
$1:2:1{,}8:1$	$M_{ba}-M_{bc}$	$-0{,}632$	$-0{,}105$	$+0{,}033$	$q_2 l_2^2$	$-0{,}0659$	$-0{,}0524$	$+0{,}0168$
	$M_{cb}-M_{cd}$	$+0{,}159$	$-0{,}476$	$-0{,}168$	$q_3 l_3^2$	$+0{,}0161$	$-0{;}0480$	$-0{,}0648$
	$M_{dc}-M_{dc}$	$-0{,}034$	$+0{,}100$	$-0{,}390$	$q_4 l_4^2$	$-0{,}0043$	$+0{,}0125$	$-0{,}0488$
		M_{ba}	M_{cb}	M_{dc}	$q_1 l_1^2$	$-0{,}0459$	$+0{,}0130$	$-0{,}0039$
$1:2:1{,}8:1{,}2$	$M_{ba}-M_{bc}$	$-0{,}633$	$-0{,}104$	$+0{,}031$	$q_2 l_2^2$	$-0{,}0660$	$-0{,}0521$	$+0{,}0156$
	$M_{cb}-M_{cd}$	$+0{,}160$	$-0{,}479$	$-0{,}156$	$q_3 l_3^2$	$+0{,}0165$	$-0{,}0493$	$-0{,}0601$
	$M_{dc}-M_{dc}$	$-0{,}038$	$+0{,}113$	$-0{,}434$	$q_4 l_4^2$	$-0{,}0048$	$+0{,}0141$	$-0{,}0543$
		M_{ba}	M_{cb}	M_{dc}	$q_1 l_1^2$	$-0{,}0459$	$+0{,}0130$	$-0{,}0036$
$1:2:1{,}8:1{,}4$	$M_{ba}-M_{bc}$	$-0{,}633$	$-0{,}104$	$+0{,}029$	$q_2 l_2^2$	$-0{,}0661$	$-0{,}0548$	$+0{,}0146$
	$M_{cb}-M_{cd}$	$+0{,}161$	$-0{,}482$	$-0{,}146$	$q_3 l_3^2$	$+0{,}0168$	$-0{,}0505$	$-0{,}0562$
	$M_{dc}-M_{dc}$	$-0{,}041$	$+0{,}123$	$-0{,}472$	$q_4 l_4^2$	$-0{,}0051$	$+0{,}0154$	$-0{,}0590$
		M_{ba}	M_{cb}	M_{dc}	$q_1 l_1^2$	$-0{,}0459$	$+0{,}0129$	$-0{,}0034$
$1:2:1{,}8:1{,}6$	$M_{ba}-M_{bc}$	$-0{,}633$	$-0{,}103$	$+0{,}027$	$q_2 l_2^2$	$-0{,}0662$	$-0{,}0516$	$+0{,}0137$
	$M_{cb}-M_{cd}$	$+0{,}162$	$-0{,}484$	$-0{,}137$	$q_3 l_3^2$	$+0{,}0172$	$-0{,}0513$	$-0{,}0525$
	$M_{dc}-M_{de}$	$-0{,}044$	$+0{,}132$	$-0{,}506$	$q_4 l_4^2$	$-0{,}0055$	$+0{,}0165$	$-0{,}0633$
		M_{ba}	M_{cb}	M_{dc}	$q_1 l_1^2$	$-0{,}0459$	$+0{,}0129$	$-0{,}0033$
$1:2:1{,}8:1{,}8$	$M_{ba}-M_{bc}$	$-0{,}633$	$-0{,}103$	$+0{,}026$	$q_2 l_2^2$	$-0{,}0663$	$-0{,}0514$	$+0{,}0130$
	$M_{cb}-M_{cd}$	$+0{,}163$	$-0{,}486$	$-0{,}130$	$q_3 l_3^2$	$+0{,}0175$	$-0{,}0521$	$-0{,}0495$
	$M_{dc}-M_{de}$	$-0{,}047$	$+0{,}139$	$-0{,}535$	$q_4 l_4^2$	$-0{,}0059$	$+0{,}0174$	$-0{,}0669$
		M_{ba}	M_{cb}	M_{dc}	$q_1 l_1^2$	$-0{,}0459$	$+0{,}0129$	$-0{,}0030$
$1:2:1{,}8:2$	$M_{ba}-M_{bc}$	$-0{,}633$	$-0{,}103$	$+0{,}024$	$q_2 l_2^2$	$-0{,}0663$	$-0{,}0513$	$+0{,}0121$
	$M_{cb}-M_{cd}$	$+0{,}163$	$-0{,}487$	$-0{,}121$	$q_3 l_3^2$	$+0{,}0177$	$-0{,}0528$	$-0{,}0467$
	$M_{dc}-M_{de}$	$-0{,}049$	$+0{,}146$	$-0{,}561$	$q_4 l_4^2$	$-0{,}0061$	$+0{,}0183$	$-0{,}0702$

Tafel 47

$l'_1:l'_2:l'_3:l'_4$	Beliebige Belastung				Gleichmäßig verteilte Belastung		
		M_b	M_c	M_d		M_b	M_c	M_d
	M_{ba}	M_{cb}	M_{dc}	$q_1 l_1^2$	$-0{,}0654$	$+0{,}0121$	$-0{,}0039$
$1:1:2:1{,}2$	$M_{ba}-M_{bc}$	$-0{,}477$	$-0{,}097$	$+0{,}031$	$q_2 l_2^2$	$-0{,}0534$	$-0{,}0365$	$+0{,}0115$
	$M_{cb}-M_{cd}$	$+0{,}165$	$-0{,}659$	$-0{,}107$	$q_3 l_3^2$	$+0{,}0166$	$-0{,}0670$	$-0{,}0571$
	$M_{dc}-M_{dc}$	$-0{,}035$	$+0{,}146$	$-0{,}421$	$q_4 l_4^2$	$-0{,}0044$	$+0{,}0183$	$-0{,}0526$
	M_{ba}	M_{cb}	M_{dc}	$q_1 l_1^2$	$-0{,}0654$	$+0{,}0120$	$-0{,}0035$
$1:1:2:1{,}4$	$M_{ba}-M_{bc}$	$-0{,}477$	$-0{,}096$	$+0{,}028$	$q_2 l_2^2$	$-0{,}0535$	$-0{,}0362$	$+0{,}0106$
	$M_{cb}-M_{cd}$	$+0{,}166$	$-0{,}662$	$-0{,}100$	$q_3 l_3^2$	$+0{,}0171$	$-0{,}0684$	$-0{,}0534$
	$M_{dc}-M_{dc}$	$-0{,}040$	$+0{,}160$	$-0{,}459$	$q_4 l_4^2$	$-0{,}0050$	$+0{,}0200$	$-0{,}0574$
	M_{ba}	M_{cb}	M_{dc}	$q_1 l_1^2$	$-0{,}0654$	$+0{,}0120$	$-0{,}0033$
$1:1:2:1{,}6$	$M_{ba}-M_{bc}$	$-0{,}477$	$-0{,}096$	$+0{,}026$	$q_2 l_2^2$	$-0{,}0535$	$-0{,}0360$	$+0{,}0102$
	$M_{cb}-M_{cd}$	$+0{,}166$	$-0{,}664$	$-0{,}096$	$q_3 l_3^2$	$+0{,}0174$	$-0{,}0696$	$-0{,}0502$
	$M_{dc}-M_{dc}$	$-0{,}043$	$+0{,}172$	$-0{,}493$	$q_4 l_4^2$	$-0{,}0054$	$+0{,}0215$	$-0{,}0616$
	M_{ba}	M_{cb}	M_{dc}	$q_1 l_1^2$	$-0{,}0654$	$+0{,}0120$	$-0{,}0031$
$1:1:2:1{,}8$	$M_{ba}-M_{bc}$	$-0{,}477$	$-0{,}096$	$+0{,}025$	$q_2 l_2^2$	$-0{,}0536$	$-0{,}0358$	$+0{,}0094$
	$M_{cb}-M_{cd}$	$+0{,}167$	$-0{,}666$	$-0{,}088$	$q_3 l_3^2$	$+0{,}0177$	$-0{,}0707$	$-0{,}0473$
	$M_{dc}-M_{dc}$	$-0{,}046$	$+0{,}182$	$-0{,}521$	$q_4 l_4^2$	$-0{,}0058$	$+0{,}0227$	$-0{,}0651$
	M_{ba}	M_{cb}	M_{dc}	$q_1 l_1^2$	$-0{,}0654$	$+0{,}0119$	$-0{,}0030$
$1:1:2:2$	$M_{ba}-M_{bc}$	$-0{,}477$	$-0{,}095$	$+0{,}024$	$q_2 l_2^2$	$-0{,}0536$	$-0{,}0356$	$+0{,}0089$
	$M_{cb}-M_{cd}$	$+0{,}167$	$-0{,}668$	$-0{,}083$	$q_3 l_3^2$	$+0{,}0179$	$-0{,}0715$	$-0{,}0447$
	$M_{dc}-M_{dc}$	$-0{,}048$	$+0{,}191$	$-0{,}547$	$q_4 l_4^2$	$-0{,}0060$	$+0{,}0239$	$-0{,}0684$

Tafel 48

$l'_1:l'_2:l'_3:l'_4$	Beliebige Belastung				Gleichmäßig verteilte Belastung		
		M_b	M_c	M_d		M_b	M_c	M_d
		M_{ba}	M_{cb}	M_{dc}	$q_1 l_1^2$	$-0{,}0604$	$+0{,}0125$	$-0{,}0039$
$1:1,2:2:1,2$	$M_{ba}-M_{bc}$	$-0{,}517$	$-0{,}100$	$+0{,}031$	$q_2 l_2^2$	$-0{,}0570$	$-0{,}0401$	$+0{,}0124$
	$M_{cb}-M_{cd}$	$+0{,}168$	$-0{,}619$	$-0{,}118$	$q_3 l_3^2$	$+0{,}0171$	$-0{,}0630$	$-0{,}0583$
	$M_{dc}-M_{dc}$	$-0{,}037$	$+0{,}138$	$-0{,}418$	$q_4 l_4^2$	$-0{,}0046$	$+0\ 0173$	$-0{,}0523$
		M_{ba}	M_{cb}	M_{dc}	$q_1 l_1^2$	$-0{,}0604$	$+0{,}0125$	$-0{,}0036$
$1:1,2:2:1,4$	$M_{ba}-M_{bc}$	$-0{,}517$	$-0{,}100$	$+0{,}029$	$q_2 l_2^2$	$-0{,}0571$	$-0{,}0398$	$+0{,}0116$
	$M_{cb}-M_{cd}$	$+0{,}169$	$-0{,}623$	$-0{,}110$	$q_3 l_3^2$	$+0{,}0175$	$-0{,}0644$	$-0{,}0545$
	$M_{dc}-M_{de}$	$-0{,}041$	$+0{,}151$	$-0{,}456$	$q_4 l_4^2$	$-0{,}0051$	$+0{,}0189$	$-0{,}0570$
		M_{ba}	M_{cb}	M_{dc}	$q_1 l_1^2$	$-0{,}0604$	$+0{,}0124$	$-0{,}0034$
$1:1,2:2:1,6$	$M_{ba}-M_{bc}$	$-0{,}517$	$-0{,}099$	$+0{,}027$	$q_2 l_2^2$	$-0{,}0572$	$-0{,}0394$	$+0{,}0109$
	$M_{cb}-M_{cd}$	$+0{,}170$	$-0{,}626$	$-0{,}104$	$q_3 l_3^2$	$+0{,}0179$	$-0{,}0656$	$-0{,}0512$
	$M_{dc}-M_{de}$	$-0{,}044$	$+0{,}162$	$-0{,}490$	$q_4 l_4^2$	$-0{,}0055$	$+0{,}0203$	$-0{,}0613$
		M_{ba}	M_{cb}	M_{dc}	$q_1 l_1^2$	$-0{,}0604$	$+0{,}0124$	$-0{,}0033$
$1:1,2:2:1,8$	$M_{ba}-M_{bc}$	$-0{,}517$	$-0{,}099$	$+0{,}026$	$q_2 l_2^2$	$-0{,}0572$	$-0{,}0393$	$+0{,}0104$
	$M_{cb}-M_{cd}$	$+0{,}170$	$-0{,}627$	$-0{,}099$	$q_3 l_3^2$	$+0{,}0180$	$-0{,}0664$	$-0{,}0483$
	$M_{dc}-M_{de}$	$-0{,}046$	$+0{,}171$	$-0{,}518$	$q_4 l_4^2$	$-0{,}0058$	$+0{,}0214$	$-0{,}0648$
		M_{ba}	M_{cb}	M_{dc}	$q_1 l_1^2$	$-0{,}0604$	$+0{,}0124$	$-0{,}0031$
$1:1,2:2:2$	$M_{ba}-M_{bc}$	$-0{,}517$	$-0{,}099$	$+0{,}025$	$q_2 l_2^2$	$-0{,}0572$	$-0{,}0392$	$+0{,}0099$
	$M_{cb}-M_{cd}$	$+0{,}170$	$-0{,}628$	$-0{,}094$	$q_3 l_3^2$	$+0{,}0182$	$-0{,}0672$	$-0{,}0458$
	$M_{dc}-M_{de}$	$-0{,}048$	$+0{,}179$	$-0{,}544$	$q_4 l_4^2$	$-0{,}0060$	$+0{,}0224$	$-0{,}0680$

Tafel 49

$l_1' : l_2' : l_3' : l_4'$		Beliebige Belastung				Gleichmäßig verteilte Belastung		
		M_b	M_c	M_d		M_b	M_c	M_d
		M_{ba}	M_{cb}	M_{dc}	$q_1 l_1^2$	$-0{,}0557$	$+0{,}0126$	$-0{,}0039$
$1 : 1{,}4 : 2 : 1{,}2$	$M_{ba} - M_{bc}$	$-0{,}554$	$-0{,}101$	$+0{,}031$	$q_2 l_2^2$	$-0{,}0603$	$-0{,}0430$	$+0{,}0135$
	$M_{cb} - M_{cd}$	$+0{,}171$	$-0{,}585$	$-0{,}131$	$q_3 l_3^2$	$+0{,}0174$	$-0{,}0595$	$-0{,}0596$
	$M_{dc} - M_{de}$	$-0{,}038$	$+0{,}130$	$-0{,}415$	$q_4 l_4^2$	$-0{,}0048$	$+0{,}0163$	$-0{,}0519$
		M_{ba}	M_{cb}	M_{dc}	$q_1 l_1^2$	$-0{,}0557$	$+0{,}0126$	$-0{,}0036$
$1 : 1{,}4 : 2 : 1{,}4$	$M_{ba} - M_{bc}$	$-0{,}554$	$-0{,}101$	$+0{,}029$	$q_2 l_2^2$	$-0{,}0603$	$-0{,}0427$	$+0{,}0125$
	$M_{cb} - M_{cd}$	$+0{,}171$	$-0{,}588$	$-0{,}121$	$q_3 l_3^2$	$+0{,}0176$	$-0{,}0608$	$-0{,}0556$
	$M_{dc} - M_{dc}$	$-0{,}041$	$+0{,}142$	$-0{,}454$	$q_4 l_4^2$	$-0{,}0051$	$+0{,}0177$	$-0{,}0568$
		M_{ba}	M_{cb}	M_{dc}	$q_1 l_1^2$	$-0{,}0557$	$+0{,}0126$	$-0{,}0034$
$1 : 1{,}4 : 2 : 1{,}6$	$M_{ba} - M_{bc}$	$-0{,}554$	$-0{,}101$	$+0{,}027$	$q_2 l_2^2$	$-0{,}0604$	$-0{,}0425$	$+0{,}0117$
	$M_{cb} - M_{cd}$	$+0{,}172$	$-0{,}590$	$-0{,}114$	$q_3 l_3^2$	$+0{,}0180$	$-0{,}0619$	$-0{,}0522$
	$M_{dc} - M_{de}$	$-0{,}044$	$+0{,}153$	$-0{,}488$	$q_4 l_4^2$	$-0{,}0055$	$+0{,}0191$	$-0{,}0610$
		M_{ba}	M_{cb}	M_{dc}	$q_1 l_1^2$	$-0{,}0557$	$+0{,}0125$	$-0{,}0032$
$1 : 1{,}4 : 2 : 1{,}8$	$M_{ba} - M_{bc}$	$-0{,}554$	$-0{,}100$	$+0{,}026$	$q_2 l_2^2$	$-0{,}0604$	$-0{,}0423$	$+0{,}0111$
	$M_{cb} - M_{cd}$	$+0{,}172$	$-0{,}592$	$-0{,}107$	$q_3 l_3^2$	$+0{,}0182$	$-0{,}0628$	$-0{,}0493$
	$M_{dc} - M_{de}$	$-0{,}047$	$+0{,}162$	$-0{,}516$	$q_4 l_4^2$	$-0{,}0059$	$+0{,}0202$	$-0{,}0645$
		M_{ba}	M_{cb}	M_{dc}	$q_1 l_1^2$	$-0{,}0557$	$+0{,}0125$	$-0{,}0031$
$1 : 1{,}4 : 2 : 2$	$M_{ba} - M_{bc}$	$-0{,}554$	$-0{,}100$	$+0{,}025$	$q_2 l_2^2$	$-0{,}0605$	$-0{,}0421$	$+0{,}0105$
	$M_{cb} - M_{cd}$	$+0{,}173$	$-0{,}594$	$-0{,}101$	$q_3 l_3^2$	$+0{,}0185$	$-0{,}0637$	$-0{,}0466$
	$M_{dc} - M_{de}$	$-0{,}049$	$+0{,}170$	$-0{,}542$	$q_4 l_4^2$	$-0{,}0061$	$+0{,}0212$	$-0{,}0677$

Tafel 50

$l'_1:l'_2:l'_3:l'_4$	Beliebige Belastung				Gleichmäßig verteilte Belastung		
		M_b	M_c	M_d		M_b	M_c	M_d
	M_{ba}	M_{cb}	M_{dc}	$q_1 l_1^2$	$-0{,}0520$	$+0{,}0126$	$-0{,}0039$
$1:1,6:2:1,2$	$M_{ba}-M_{bc}$	$-0{,}584$	$-0{,}101$	$+0{,}031$	$q_2 l_2^2$	$-0{,}0627$	$-0{,}0455$	$+0{,}0141$
	$M_{cb}-M_{cd}$	$+0{,}170$	$-0{,}555$	$-0{,}138$	$q_3 l_3^2$	$+0{,}0173$	$-0{,}0564$	$-0{,}0604$
	$M_{dc}-M_{de}$	$-0{,}038$	$+0{,}123$	$-0{,}413$	$q_4 l_4^2$	$-0{,}0048$	$+0{,}0154$	$-0{,}0517$
	M_{ba}	M_{cb}	M_{dc}	$q_1 l_1^2$	$-0{,}0520$	$+0{,}0125$	$-0{,}0036$
$1:1,6:2:1,4$	$M_{ba}-M_{bc}$	$-0{,}584$	$-0{,}100$	$+0{,}029$	$q_2 l_2^2$	$-0{,}0628$	$-0{,}0451$	$+0{,}0131$
	$M_{cb}-M_{cd}$	$+0{,}171$	$-0{,}559$	$-0{,}129$	$q_3 l_3^2$	$+0{,}0176$	$-0{,}0577$	$-0{,}0564$
	$M_{dc}-M_{de}$	$-0{,}041$	$+0{,}135$	$-0{,}452$	$q_4 l_4^2$	$-0{,}0051$	$+0{,}0169$	$-0{,}0565$
	M_{ba}	M_{cb}	M_{dc}	$q_1 l_1^2$	$-0{,}0520$	$+0{,}0125$	$-0{,}0035$
$1:1,6:2:1,6$	$M_{ba}-M_{bc}$	$-0{,}584$	$-0{,}100$	$+0{,}028$	$q_2 l_2^2$	$-0{,}0629$	$-0{,}0450$	$+0{,}0124$
	$M_{cb}-M_{cd}$	$+0{,}172$	$-0{,}561$	$-0{,}121$	$q_3 l_3^2$	$+0{,}0180$	$-0{,}0588$	$-0{,}0529$
	$M_{dc}-M_{de}$	$-0{,}044$	$+0{,}145$	$-0{,}486$	$q_4 l_4^2$	$-0{,}0055$	$+0{,}0181$	$-0{,}0607$
	M_{ba}	M_{cb}	M_{dc}	$q_1 l_1^2$	$-0{,}0520$	$+0{,}0124$	$-0{,}0033$
$1:1,6:2:1,8$	$M_{ba}-M_{bc}$	$-0{,}584$	$-0{,}099$	$+0{,}026$	$q_2 l_2^2$	$-0{,}0629$	$-0{,}0447$	$+0{,}0118$
	$M_{cb}-M_{cd}$	$+0{,}172$	$-0{,}563$	$-0{,}115$	$q_3 l_3^2$	$+0{,}0182$	$-0{,}0596$	$-0{,}0501$
	$M_{dc}-M_{de}$	$-0{,}047$	$+0{,}154$	$-0{,}514$	$q_4 l_4^2$	$-0{,}0059$	$+0{,}0193$	$-0{,}0643$
	M_{ba}	M_{cb}	M_{dc}	$q_1 l_1^2$	$-0{,}0520$	$+0{,}0124$	$-0{,}0031$
$1:1,6:2:2$	$M_{ba}-M_{bc}$	$-0{,}584$	$-0{,}099$	$+0{,}025$	$q_2 l_2^2$	$-0{,}0630$	$-0{,}0445$	$+0{,}0112$
	$M_{cb}-M_{cd}$	$+0{,}173$	$-0{,}565$	$-0{,}109$	$q_3 l_3^2$	$+0{,}0185$	$-0{,}0605$	$-0{,}0474$
	$M_{dc}-M_{de}$	$-0{,}049$	$+0{,}162$	$-0{,}540$	$q_4 l_4^2$	$-0{,}0061$	$+0{,}0202$	$-0{,}0675$

Tafel 51

$l'_1 : l'_2 : l'_3 : l'_4$	Beliebige Belastung				Gleichmäßig verteilte Belastung		
	M_b	M_c	M_d		M_b	M_c	M_d
	M_{ba}	M_{cb}	M_{dc}	$q_1 l_1^2$	$-0,0488$	$+0,0126$	$-0,0039$
$1:1,8:2:1,2$	$M_{ba} - M_{bc}$	$-0,610$	$-0,101$	$+0,031$	$q_2 l_2^2$	$-0,0649$	$-0,0477$	$+0,0149$
	$M_{cb} - M_{cd}$	$+0,169$	$-0,528$	$-0,148$	$q_3 l_3^2$	$+0,0173$	$-0,0537$	$-0,0614$
	$M_{dc} - M_{de}$	$-0,038$	$+0,117$	$-0,411$	$q_4 l_4^2$	$-0,0048$	$+0,0147$	$-0,0513$
	M_{ba}	M_{cb}	M_{dc}	$q_1 l_1^2$	$-0,0488$	$+0,0125$	$-0,0036$
$1:1,8:2:1,4$	$M_{ba} - M_{bc}$	$-0,610$	$-0,100$	$+0,029$	$q_2 l_2^2$	$-0,0649$	$-0,0474$	$+0,0139$
	$M_{cb} - M_{cd}$	$+0,170$	$-0,531$	$-0,138$	$q_3 l_3^2$	$+0,0175$	$-0,0548$	$-0,0573$
	$M_{dc} - M_{de}$	$-0,041$	$+0,128$	-0.450	$q_4 l_4^2$	$-0,0051$	$+0,0160$	$-0,0562$
	M_{ba}	M_{cb}	M_{dc}	$q_1 l_1^2$	$-0,0488$	$+0,0125$	$-0,0035$
$1:1,8:2:1,6$	$M_{ba} - M_{bc}$	$-0,610$	$-0,100$	$+0,028$	$q_2 l_2^2$	$-0,0650$	$-0,0473$	$+0,0130$
	$M_{cb} - M_{cd}$	$+0,171$	$-0,533$	$-0,129$	$q_3 l_3^2$	$+0,0179$	$-0,0558$	$-0,0537$
	$M_{dc} - M_{de}$	$-0,044$	$+0,138$	$-0,484$	$q_4 l_4^2$	$-0,0055$	$+0,0173$	$-0,0605$
	M_{ba}	M_{cb}	M_{dc}	$q_1 l_1^2$	$-0,0488$	$+0,0124$	$-0,0033$
$1:1,8:2:1,8$	$M_{ba} - M_{bc}$	$-0,610$	$-0,099$	$+0,026$	$q_2 l_2^2$	$-0,0650$	$-0,0469$	$+0,0124$
	$M_{cb} - M_{cd}$	$+0,171$	$-0,535$	$-0,122$	$q_3 l_3^2$	$+0,0181$	$-0,0568$	$-0,0508$
	$M_{dc} - M_{de}$	$-0,047$	$+0,146$	$-0,512$	$q_4 l_4^2$	$-0,0059$	$+0,0182$	$-0,0640$
	M_{ba}	M_{cb}	M_{dc}	$q_1 l_1^2$	$-0,0488$	$+0,0124$	$-0,0031$
$1:1,8:2:2$	$M_{ba} - M_{bc}$	$-0,610$	$-0,099$	$+0,025$	$q_2 l_2^2$	$-0,0651$	$-0,0468$	$+0,0118$
	$M_{cb} - M_{cd}$	$+0,172$	$-0,537$	$-0,116$	$q_3 l_3^2$	$+0,0184$	$-0,0574$	$-0,0482$
	$M_{dc} - M_{de}$	$-0,049$	$+0,153$	$-0,538$	$q_4 l_4^2$	$-0,0061$	$+0,0191$	$-0,0673$

Tafel 52

$l'_1 : l'_2 : l'_3 : l'_4$		Beliebige Belastung				Gleichmäßig verteilte Belastung		
		M_b	M_c	M_d		M_b	M_c	M_d
		M_{ba}	M_{cb}	M_{dc}	$q_1 l_1^2$	−0,0458	+0,0125	−0,0042
1:2:2:1	$M_{ba}-M_{bc}$	−0,633	−0,100	+0,033	$q_2 l_2^2$	−0,0667	−0,0500	+0,0167
	$M_{cb}-M_{cd}$	+0,167	−0,500	−0,167	$q_3 l_3^2$	+0,0167	−0,0500	−0,0667
	$M_{dc}-M_{de}$	−0,033	+0,100	−0,367	$q_4 l_4^2$	−0,0042	+0,0125	−0,0458
		M_{ba}	M_{cb}	M_{dc}	$q_1 l_1^2$	−0,0458	+0,0124	−0,0039
1:2:2:1,2	$M_{ba}-M_{bc}$	−0,633	−0,099	+0,031	$q_2 l_2^2$	−0,0667	−0,0496	+0,0155
	$M_{cb}-M_{cd}$	+0,167	−0,504	−0,155	$q_3 l_3^2$	+0,0170	−0,0512	−0,0621
	$M_{dc}-M_{de}$	−0,037	+0,112	−0,410	$q_4 l_4^2$	−0,0046	+0,0140	−0,0512
		M_{ba}	M_{cb}	M_{dc}	$q_1 l_1^2$	−0,0457	+0,0123	−0,0036
1:2:2:1,4	$M_{ba}-M_{bc}$	−0,634	−0,098	+0,029	$q_2 l_2^2$	−0,0668	−0,0494	+0,0145
	$M_{cb}-M_{cd}$	+0,168	−0,506	−0,145	$q_3 l_3^2$	+0,0174	−0,0523	−0,0581
	$M_{dc}-M_{de}$	−0,041	+0,122	−0,448	$q_4 l_4^2$	−0,0051	+0,0153	−0,0560
		M_{ba}	M_{cb}	M_{dc}	$q_1 l_1^2$	−0,0457	+0,0122	−0,0034
1:2:2:1,6	$M_{ba}-M_{bc}$	−0,634	−0,097	+0,027	$q_2 l_2^2$	−0,0669	−0,0491	+0,0135
	$M_{cb}-M_{cd}$	+0,169	−0,508	−0,136	$q_3 l_3^2$	+0,0178	−0,0533	−0,0544
	$M_{dc}-M_{de}$	−0,044	+0,132	−0,482	$q_4 l_4^2$	−0,0055	+0,0165	−0,0603
		M_{ba}	M_{cb}	M_{dc}	$q_1 l_1^2$	−0,0457	+0,0122	−0,0031
1:2:2:1,8	$M_{ba}-M_{bc}$	−0,634	−0,097	+0,025	$q_2 l_2^2$	−0,0670	−0,0489	+0,0128
	$M_{cb}-M_{cd}$	+0,170	−0,510	−0,129	$q_3 l_3^2$	+0,0180	−0,0541	−0,0515
	$M_{dc}-M_{de}$	−0,046	+0,139	−0,510	$q_4 l_4^2$	−0,0058	+0,0174	−0,0638
		M_{ba}	M_{cb}	M_{dc}	$q_1 l_1^2$	−0,0457	+0,0122	−0,0030
1:2:2:2	$M_{ba}-M_{bc}$	−0,634	−0,097	+0,024	$q_2 l_2^2$	−0,0670	−0,0487	+0,0122
	$M_{cb}-M_{cd}$	+0,170	−0,512	−0,122	$q_3 l_3^2$	+0,0183	−0,0549	−0,0489
	$M_{dc}-M_{de}$	−0,049	+0,146	−0,536	$q_4 l_4^2$	−0,0061	+0,0182	−0,0670

Tafel 53

$l'_1 : l'_2 : l'_3 : l'_4$	Beliebige Belastung				Gleichmäßig verteilte Belastung		
		M_b	M_c	M_d		M_b	M_c	M_d
	M_{ba}	M_{cb}	M_{dc}	$q_1 l_1^2$	$-0,0724$	$+0,0193$	$-0,0044$
$1,2:1:1:1,2$	$M_{ba}-M_{bc}$	$-0,421$	$-0,154$	$+0,035$	$q_2 l_2^2$	$-0,0446$	$-0,0545$	$+0,0124$
	$M_{cb}-M_{cd}$	$+0,114$	$-0,500$	$-0,114$	$q_3 l_3^2$	$+0,0124$	$-0,0545$	$-0,0446$
	$M_{dc}-M_{de}$	$-0,035$	$+0,154$	$-0,579$	$q_4 l_4^2$	$-0,0044$	$+0,0193$	$-0,0724$
	M_{ba}	M_{cb}	M_{dc}	$q_1 l_1^2$	$-0,0770$	$+0,0205$	$-0,0048$
$1,4:1:1:1,2$	$M_{ba}-M_{bc}$	$-0,384$	$-0,164$	$+0,038$	$q_2 l_2^2$	$-0,0407$	$-0,0556$	$+0,0128$
	$M_{cb}-M_{cd}$	$+0,104$	$-0,497$	$-0,115$	$q_3 l_3^2$	$+0,0114$	$-0,0541$	$-0,0446$
	$M_{dc}-M_{de}$	$-0,032$	$+0,153$	$-0,580$	$q_4 l_4^2$	$-0,0040$	$+0,0191$	$-0,0724$
	M_{ba}	M_{cb}	M_{dc}	$q_1 l_1^2$	$-0,0770$	$+0,0204$	$-0,0043$
$1,4:1:1:1,4$	$M_{ba}-M_{bc}$	$-0,384$	$-0,163$	$+0,034$	$q_2 l_2^2$	$-0,0408$	$-0,0553$	$+0,0116$
	$M_{cb}-M_{cd}$	$+0,105$	$-0,500$	$-0,105$	$q_3 l_3^2$	$+0,0116$	$-0,0553$	$-0,0408$
	$M_{dc}-M_{de}$	$-0,034$	$+0,163$	$-0,616$	$q_4 l_4^2$	$-0,0043$	$+0,0204$	$-0,0770$
	M_{ba}	M_{cb}	M_{dc}	$q_1 l_1^2$	$-0,0812$	$+0,0215$	$-0,0050$
$1,6:1:1:1,2$	$M_{ba}-M_{bc}$	$-0,351$	$-0,172$	$+0,040$	$q_2 l_2^2$	$-0,0371$	$-0,0564$	$+0,0130$
	$M_{cb}-M_{cd}$	$+0,095$	$-0,494$	$-0,116$	$q_3 l_3^2$	$+0,0103$	$-0,0539$	$-0,0448$
	$M_{dc}-M_{de}$	$-0,029$	$+0,152$	$-0,579$	$q_4 l_4^2$	$-0,0036$	$+0,0190$	$-0,0724$
	M_{ba}	M_{cb}	M_{dc}	$q_1 l_1^2$	$-0,0810$	$+0,0214$	$-0,0045$
$1,6:1:1:1,4$	$M_{ba}-M_{bc}$	$-0,352$	$-0,171$	$+0,036$	$q_2 l_2^2$	$-0,0373$	$-0,0562$	$+0,0118$
	$M_{cb}-M_{cd}$	$+0,096$	$-0,497$	$-0,105$	$q_3 l_3^2$	$+0,0106$	$-0,0549$	$-0,0407$
	$M_{dc}-M_{de}$	$-0,031$	$+0,162$	$-0,617$	$q_4 l_4^2$	$-0,0039$	$+0,0202$	$-0,0771$
	M_{ba}	M_{cb}	M_{dc}	$q_1 l_1^2$	$-0,0810$	$+0,0214$	$-0,0041$
$1,6:1:1:1,6$	$M_{ba}-M_{bc}$	$-0,352$	$-0,171$	$+0,033$	$q_2 l_2^2$	$-0,0373$	$-0,0560$	$+0,0108$
	$M_{cb}-M_{cd}$	$+0,096$	$-0,500$	$-0,096$	$q_3 l_3^2$	$+0,0108$	$-0,0560$	$-0,0373$
	$M_{dc}-M_{de}$	$-0,033$	$+0,171$	$-0,648$	$q_4 l_4^2$	$-0,0041$	$+0,0214$	$-0,0810$

Tafel 54

$l'_1:l'_2:l'_3:l'_4$	Beliebige Belastung				Gleichmäßig verteilte Belastung		
		M_b	M_c	M_d		M_b	M_c	M_d
	M_{ba}	M_{cb}	M_{dc}	$q_1 l_1^2$	$-0,0844$	$+0,0224$	$-0,0051$
$1,8:1:1:1,2$	$M_{ba}-M_{bc}$	$-0,325$	$-0,179$	$+0,041$	$q_2 l_2^2$	$-0,0344$	$-0,0572$	$+0,0131$
	$M_{cb}-M_{cd}$	$+0,088$	$-0,492$	$-0,116$	$q_3 l_3^2$	$+0,0096$	$-0,0537$	$-0,0447$
	$M_{dc}-M_{de}$	$-0,027$	$+0,152$	$-0,579$	$q_4 l_4^2$	$-0,0034$	$+0,0190$	$-0,0724$
	M_{ba}	M_{cb}	M_{dc}	$q_1 l_1^2$	$-0,0844$	$+0,0222$	$-0,0046$
$1,8:1:1:1,4$	$M_{ba}-M_{bc}$	$-0,325$	$-0,178$	$+0,037$	$q_2 l_2^2$	$-0,0345$	$-0,0568$	$+0,0119$
	$M_{cb}-M_{cd}$	$+0,089$	$-0,495$	$-0,105$	$q_3 l_3^2$	$+0,0098$	$-0,0547$	$-0,0407$
	$M_{dc}-M_{de}$	$-0,029$	$+0,161$	$-0,617$	$q_4 l_4^2$	$-0,0036$	$+0,0201$	$-0,0771$
	M_{ba}	M_{cb}	M_{dc}	$q_1 l_1^2$	$-0,0843$	$+0,0221$	$-0,0042$
$1,8:1:1:1,6$	$M_{ba}-M_{bc}$	$-0,326$	$-0,177$	$+0,034$	$q_2 l_2^2$	$-0,0346$	$-0,0566$	$+0,0109$
	$M_{cb}-M_{cd}$	$+0,089$	$-0,498$	$-0,097$	$q_3 l_3^2$	$+0,0099$	$-0,0557$	$-0,0374$
	$M_{dc}-M_{de}$	$-0,030$	$+0,170$	$-0,648$	$q_4 l_4^2$	$-0,0038$	$+0,0213$	$-0,0810$
	M_{ba}	M_{cb}	M_{dc}	$q_1 l_1^2$	$-0,0843$	$+0,0221$	$-0,0039$
$1,8:1:1:1,8$	$M_{ba}-M_{bc}$	$-0,326$	$-0,177$	$+0,031$	$q_2 l_2^2$	$-0,0346$	$-0,0565$	$+0,0100$
	$M_{cb}-M_{cd}$	$+0,089$	$-0,500$	$-0,089$	$q_3 l_3^2$	$+0,0100$	$-0,0565$	$-0,0346$
	$M_{dc}-M_{de}$	$-0,031$	$+0,177$	$-0,674$	$q_4 l_4^2$	$-0,0039$	$+0,0221$	$-0,0843$

Tafel 55

$l_1':l_2':l_3':l_4'$	Beliebige Belastung				Gleichmäßig verteilte Belastung		
	M_b	M_c	M_d		M_b	M_c	M_d
	M_{ba}	M_{cb}	M_{dc}	$q_1 l_1^2$	$-0,0872$	$+0,0230$	$-0,0052$
$2:1:1:1,2$	$M_{ba}-M_{bc}$	$-0,303$	$-0,184$	$+0,042$	$q_2 l_2^2$ $-0,0320$	$-0,0576$	$+0,0132$
	$M_{cb}-M_{cd}$	$+0,082$	$-0,491$	$-0,116$	$q_3 l_3^2$ $+0,0089$	$-0,0536$	$-0,0447$
	$M_{dc}-M_{dc}$	$-0,025$	$+0,151$	$-0,579$	$q_4 l_4^2$ $-0,0031$	$+0,0189$	$-0,0724$
	M_{ba}	M_{cb}	M_{dc}	$q_1 l_1^2$	$-0,0872$	$+0,0229$	$-0,0049$
$2:1:1:1,4$	$M_{ba}-M_{bc}$	$-0,303$	$-0,183$	$+0,039$	$q_2 l_2^2$ $-0,0321$	$-0,0574$	$+0,0121$
	$M_{cb}-M_{cd}$	$+0,083$	$-0,494$	$-0,106$	$q_3 l_3^2$ $+0,0092$	$-0,0546$	$-0,0407$
	$M_{dc}-M_{dc}$	$-0,027$	$+0,161$	$-0,616$	$q_4 l_4^2$ $-0,0034$	$+0,0201$	$-0,0769$
	M_{ba}	M_{cb}	M_{dc}	$q_1 l_1^2$	$-0,0872$	$+0,0229$	$-0,0044$
$2:1:1:1,6$	$M_{ba}-M_{bc}$	$-0,303$	$-0,183$	$+0,035$	$q_2 l_2^2$ $-0,0321$	$-0,0573$	$+0,0111$
	$M_{cb}-M_{cd}$	$+0,083$	$-0,496$	$-0,098$	$q_3 l_3^2$ $+0,0092$	$-0,0554$	$-0,0375$
	$M_{dc}-M_{de}$	$-0,028$	$+0,169$	$-0,648$	$q_4 l_4^2$ $-0,0035$	$+0,0211$	$-0,0810$
	M_{ba}	M_{cb}	M_{dc}	$q_1 l_1^2$	$-0,0870$	$+0,0228$	$-0,0041$
$2:1:1:1,8$	$M_{ba}-M_{bc}$	$-0,304$	$-0,182$	$+0,033$	$q_2 l_2^2$ $-0,0323$	$-0,0570$	$+0,0102$
	$M_{cb}-M_{cc}$	$+0,084$	$-0,498$	$-0,090$	$q_3 l_3^2$ $+0,0095$	$-0,0562$	$-0,0347$
	$M_{dc}-M_d$	$-0,030$	$+0,176$	$-0,674$	$q_4 l_4^2$ $-0,0038$	$+0,0220$	$-0,0842$
	M_{ba}	M_{cb}	M_{dc}	$q_1 l_1^2$	$-0,0870$	$+0,0228$	$-0,0039$
$2:1:1:2$	$M_{ba}-M_{bc}$	$-0,304$	$-0,182$	$+0,031$	$q_2 l_2^2$ $-0,0323$	$-0,0569$	$+0,0096$
	$M_{cb}-M_{cd}$	$+0,084$	$-0,500$	$-0\,084$	$q_3 l_3^2$ $+0,0096$	$-0,0569$	$-0,0323$
	$M_{dc}-M_{de}$	$-0,031$	$+0,182$	$-0,696$	$q_4 l_4^2$ $-0,0039$	$+0,0228$	$-0,0870$

Tafel 56

$l_1':l_2':l_3':l_4'$		Beliebige Belastung				Gleichmäßig verteilte Belastung		
		M_b	M_c	M_d		M_b	M_c	M_d
$1,2:1:1,2:1,2$		M_{ba}	M_{cb}	M_{dc}	$q_1 l_1^2$	$-0,0721$	$+0,0176$	$-0,0045$
	$M_{ba}-M_{bc}$	$-0,423$	$-0,141$	$+0,036$	$q_2 l_2^2$	$-0,0456$	$-0,0499$	$+0,0126$
	$M_{cb}-M_{cd}$	$+0,124$	$-0,542$	$-0,115$	$q_3 l_3^2$	$+0,0133$	$-0,0581$	$-0,0480$
	$M_{dc}-M_{de}$	$-0,036$	$+0,155$	$-0,539$	$q_4 l_4^2$	$-0,0045$	$+0,0194$	$-0,0674$
$1,2:1:1,2:1,4$		M_{ba}	M_{cb}	M_{dc}	$q_1 l_1^2$	$-0,0721$	$+0,0175$	$-0,0040$
	$M_{ba}-M_{bc}$	$-0,423$	$-0,140$	$+0,032$	$q_2 l_2^2$	$-0,0457$	$-0,0496$	$+0,0114$
	$M_{cb}-M_{cd}$	$+0,125$	$-0,545$	$-0,104$	$q_3 l_3^2$	$+0,0136$	$-0,0592$	$-0,0440$
	$M_{dc}-M_{de}$	$-0,038$	$+0,166$	$-0,577$	$q_4 l_4^2$	$-0,0047$	$+0,0208$	$-0,0720$
$1,2:1:1,2:1,6$		M_{ba}	M_{cb}	M_{dc}	$q_1 l_1^2$	$-0,0721$	$+0,0174$	$-0,0038$
	$M_{ba}-M_{bc}$	$-0,423$	$-0,139$	$+0,030$	$q_2 l_2^2$	$-0,0457$	$-0,0493$	$+0,0107$
	$M_{cb}-M_{cd}$	$+0,125$	$-0,547$	$-0,098$	$q_3 l_3^2$	$+0,0137$	$-0,0602$	$-0,0408$
	$M_{dc}-M_{de}$	$-0,040$	$+0,175$	$-0,609$	$q_4 l_4^2$	$-0,0050$	$+0,0219$	$-0,0761$
$1,2:1:1,2:1,8$		M_{ba}	M_{cb}	M_{dc}	$q_1 l_1^2$	$-0,0721$	$+0,0174$	$-0,0035$
	$M_{ba}-M_{bc}$	$-0,423$	$-0,139$	$+0,028$	$q_2 l_2^2$	$-0,0457$	$-0,0492$	$+0,0099$
	$M_{cb}-M_{cd}$	$+0,125$	$-0,548$	$-0,091$	$q_3 l_3^2$	$+0,0139$	$-0,0609$	$-0,0379$
	$M_{dc}-M_{de}$	$-0,042$	$+0,182$	$-0,636$	$q_4 l_4^2$	$-0,0052$	$+0,0228$	$-0,0795$
$1,2:1:1,2:2$		M_{ba}	M_{cb}	M_{dc}	$q_1 l_1^2$	$-0,0721$	$+0,0174$	$-0,0034$
	$M_{ba}-M_{bc}$	$-0,423$	$-0,139$	$+0,027$	$q_2 l_2^2$	$-0,0458$	$-0,0491$	$+0,0095$
	$M_{cb}-M_{cd}$	$+0,126$	$-0,550$	$-0,086$	$q_3 l_3^2$	$+0,0141$	$-0,0616$	$-0,0355$
	$M_{dc}-M_{dc}$	$-0,043$	$+0,190$	$-0,660$	$q_4 l_4^2$	$-0,0054$	$+0,0238$	$-0,0825$

Tafel 57

$l'_1 : l'_2 : l'_3 : l'_4$	Beliebige Belastung				Gleichmäßig verteilte Belastung			
		M_b	M_c	M_d		M_b	M_c	M_d
1,4:1:1,2:1,2		M_{ba}	M_{cb}	M_{dc}	$q_1 l_1^2$	$-0{,}0767$	$+0{,}0188$	$-0{,}0048$
	$M_{ba}-M_{bc}$	$-0{,}386$	$-0{,}150$	$+0{,}038$	$q_2 l_2^2$	$-0{,}0416$	$-0{,}0509$	$+0{,}0128$
	$M_{cb}-M_{cd}$	$+0{,}113$	$-0{,}539$	$-0{,}115$	$q_3 l_3^2$	$+0{,}0121$	$-0{,}0577$	$-0{,}0480$
	$M_{dc}-M_{de}$	$-0{,}032$	$+0{,}154$	$-0{,}539$	$q_4 l_4^2$	$-0{,}0040$	$+0{,}0193$	$-0{,}0674$
1,4:1:1,2:1,4		M_{ba}	M_{cb}	M_{dc}	$q_1 l_1^2$	$-0{,}0767$	$+0{,}0186$	$-0{,}0044$
	$M_{ba}-M_{bc}$	$-0{,}386$	$-0{,}149$	$+0{,}035$	$q_2 l_2^2$	$-0{,}0417$	$-0{,}0505$	$+0{,}0117$
	$M_{cb}-M_{cd}$	$+0{,}114$	$-0{,}542$	$-0{,}105$	$q_3 l_3^2$	$+0{,}0124$	$-0{,}0590$	$-0{,}0440$
	$M_{dc}-M_{de}$	$-0{,}035$	$+0{,}165$	$-0{,}577$	$q_4 l_4^2$	$-0{,}0044$	$+0{,}0206$	$-0{,}0721$
1,4:1:1,2:1,6		M_{ba}	M_{cb}	M_{dc}	$q_1 l_1^2$	$-0{,}0767$	$+0{,}0185$	$-0{,}0040$
	$M_{ba}-M_{bc}$	$-0{,}386$	$-0{,}148$	$+0{,}032$	$q_2 l_2^2$	$-0{,}0417$	$-0\ 0502$	$+0{,}0109$
	$M_{cb}-M_{cd}$	$+0{,}114$	$-0{,}544$	$-0{,}098$	$q_3 l_3^2$	$+0{,}0125$	$-0{,}0599$	$-0{,}0408$
	$M_{dc}-M_{de}$	$-0{,}036$	$+0{,}174$	$-0{,}609$	$q_4 l_4^2$	$-0{,}0045$	$+0{,}0218$	$-0{,}0761$
1,4:1:1,2:1,8		M_{ba}	M_{cb}	M_{dc}	$q_1 l_1^2$	$-0{,}0767$	$+0{,}0185$	$-0{,}0038$
	$M_{ba}-M_{bc}$	$-0{,}386$	$-0{,}148$	$+0{,}030$	$q_2 l_2^2$	$-0{,}0417$	$-0{,}0501$	$+0{,}0102$
	$M_{cb}-M_{cd}$	$+0{,}114$	$-0{,}545$	$-0{,}092$	$q_3 l_3^2$	$+0{,}0127$	$-0{,}0606$	$-0{,}0380$
	$M_{dc}-M_{de}$	$-0{,}038$	$+0{,}181$	$-0{,}636$	$q_4 l_4^2$	$-0{,}0048$	$+0{,}0226$	$-0{,}0795$
1,4:1:1,2:2		M_{ba}	M_{cb}	M_{dc}	$q_1 l_1^2$	$-0{,}0767$	$+0{,}0184$	$-0{,}0035$
	$M_{ba}-M_{bc}$	$-0{,}386$	$-0{,}147$	$+0{,}028$	$q_2 l_2^2$	$-0{,}0418$	$-0{,}0500$	$+0{,}0095$
	$M_{cb}-M_{cd}$	$+0{,}115$	$-0{,}547$	$-0{,}086$	$q_3 l_3^2$	$+0{,}0129$	$-0{,}0614$	$-0{,}0355$
	$M_{dc}-M_{de}$	$-0{,}040$	$+0{,}189$	$-0{,}660$	$q_4 l_4^2$	$-0{,}0050$	$+0{,}0236$	$-0{,}0825$

Tafel 58

$l'_1 : l'_2 : l'_3 : l'_4$		Beliebige Belastung				Gleichmäßig verteilte Belastung		
		M_b	M_c	M_d		M_b	M_c	M_d
		M_{ba}	M_{cb}	M_{dc}	$q_1 l_1^2$	$-0,0805$	$+0,0196$	$-0,0050$
$1,6:1:1,2:1,2$	$M_{ba}-M_{bc}$	$-0,356$	$-0,157$	$+0,040$	$q_2 l_2^2$	$-0,0384$	$-0,0517$	$+0,0130$
	$M_{cb}-M_{cd}$	$+0,104$	$-0,536$	$-0,116$	$q_3 l_3^2$	$+0,0112$	$-0,0577$	$-0,0480$
	$M_{dc}-M_{dc}$	$-0,030$	$+0,156$	$-0,539$	$q_4 l_4^2$	$-0,0038$	$+0,0195$	$-0,0674$
		M_{ba}	M_{cb}	M_{dc}	$q_1 l_1^2$	$-0,0805$	$+0,0196$	$-0,0045$
$1,6:1:1,2:1,4$	$M_{ba}-M_{bc}$	$-0,356$	$-0,157$	$+0,036$	$q_2 l_2^2$	$-0,0385$	$-0,0514$	$+0,0118$
	$M_{cb}-M_{cd}$	$+0,105$	$-0,540$	$-0,106$	$q_3 l_3^2$	$+0,0115$	$-0,0588$	$-0,0440$
	$M_{dc}-M_{de}$	$-0,032$	$+0,165$	$-0,577$	$q_4 l_4^2$	$-0,0040$	$+0,0206$	$-0,0721$
		M_{ba}	M_{cb}	M_{dc}	$q_1 l_1^2$	$-0,0805$	$+0,0196$	$-0,0043$
$1,6:1:1,2:1,6$	$M_{ba}-M_{bc}$	$-0,356$	$-0,157$	$+0,034$	$q_2 l_2^2$	$-0,0385$	$-0,0512$	$+0,0111$
	$M_{cb}-M_{cd}$	$+0,105$	$-0,542$	$-0,100$	$q_3 l_3^2$	$+0,0116$	$-0,0597$	$-0,0409$
	$M_{dc}-M_{dc}$	$-0,034$	$+0,174$	$-0,608$	$q_4 l_4^2$	$-0,0043$	$+0,0218$	$-0,0760$
		M_{ba}	M_{cb}	M_{dc}	$q_1 l_1^2$	$-0,0805$	$+0,0194$	$-0,0039$
$1,6:1:1,2:1,8$	$M_{ba}-M_{bc}$	$-0,356$	$-0,155$	$+0,031$	$q_2 l_2^2$	$-0,0385$	$-0,0509$	$+0,0103$
	$M_{cb}-M_{cd}$	$+0,105$	$-0,543$	$-0,092$	$q_3 l_3^2$	$+0,0117$	$-0,0604$	$-0,0381$
	$M_{dc}-M_{dc}$	$-0,035$	$+0,181$	$-0,635$	$q_4 l_4^2$	$-0,0044$	$+0,0226$	$-0,0794$
		M_{ba}	M_{cb}	M_{dc}	$q_1 l_1^2$	$-0,0805$	$+0,0194$	$-0,0036$
$1,6:1:1,2:2$	$M_{ba}-M_{bc}$	$-0,356$	$-0,155$	$+0,029$	$q_2 l_2^2$	$-0,0385$	$-0,0507$	$+0,0097$
	$M_{cb}-M_{cd}$	$+0,106$	$-0,545$	$-0,087$	$q_3 l_3^2$	$+0,0119$	$-0,0612$	$-0,0356$
	$M_{dc}-M_{dc}$	$-0,037$	$+0,188$	$-0,660$	$q_4 l_4^2$	$-0,0046$	$+0,0235$	$-0,0825$

Tafel 59

$l'_1 : l'_2 : l'_3 : l'_4$		Beliebige Belastung				Gleichmäßig verteilte Belastung		
		M_b	M_c	M_d		M_b	M_c	M_d
1,8:1:1,2:1,2		M_{ba}	M_{cb}	M_{dc}	$q_1 l_1^2$	$-0{,}0840$	$+0{,}0206$	$-0{,}0053$
	$M_{ba}-M_{bc}$	$-0{,}328$	$-0{,}165$	$+0{,}042$	$q_2 l_2^2$	$-0{,}0353$	$-0{,}0525$	$+0{,}0132$
	$M_{cb}-M_{cd}$	$+0{,}096$	$-0{,}535$	$-0{,}116$	$q_3 l_3^2$	$+0{,}0103$	$-0{,}0574$	$-0{,}0481$
	$M_{dc}-M_{dc}$	$-0{,}027$	$+0{,}153$	$-0{,}539$	$q_4 l_4^2$	$-0{,}0034$	$+0{,}0191$	$-0{,}0673$
1,8:1:1,2:1,4		M_{ba}	M_{cb}	M_{dc}	$q_1 l_1^2$	$-0{,}0840$	$+0{,}0204$	$-0{,}0048$
	$M_{ba}-M_{bc}$	$-0{,}328$	$-0{,}163$	$+0{,}038$	$q_2 l_2^2$	$-0{,}0353$	$-0{,}0521$	$+0{,}0120$
	$M_{cb}-M_{cd}$	$+0{,}096$	$-0{,}538$	$-0{,}106$	$q_3 l_3^2$	$+0{,}0104$	$-0{,}0585$	$-0{,}0441$
	$M_{dc}-M_{dc}$	$-0{,}029$	$+0{,}164$	$-0{,}577$	$q_4 l_4^2$	$-0{,}0036$	$+0{,}0205$	$-0{,}0720$
1,8:1:1,2:1,6		M_{ba}	M_{cb}	M_{dc}	$q_1 l_1^2$	$-0{,}0840$	$+0{,}0203$	$-0{,}0044$
	$M_{ba}-M_{bc}$	$-0{,}328$	$-0{,}162$	$+0{,}035$	$q_2 l_2^2$	$-0{,}0354$	$-0{,}0518$	$+0{,}0112$
	$M_{cb}-M_{cd}$	$+0{,}097$	$-0{,}540$	$-0{,}099$	$q_3 l_3^2$	$+0{,}0107$	$-0{,}0594$	$-0{,}0409$
	$M_{dc}-M_{dc}$	$-0{,}031$	$+0{,}173$	$-0{,}608$	$q_4 l_4^2$	$-0{,}0039$	$+0{,}0216$	$-0{,}0760$
1,8:1:1,2:1,8		M_{ba}	M_{cb}	M_{dc}	$q_1 l_1^2$	$-0{,}0840$	$+0{,}0203$	$-0{,}0041$
	$M_{ba}-M_{bc}$	$-0{,}328$	$-0{,}162$	$+0{,}033$	$q_2 l_2^2$	$-0{,}0354$	$-0{,}0517$	$+0{,}0105$
	$M_{cb}-M_{cd}$	$+0{,}097$	$-0{,}541$	$-0{,}093$	$q_3 l_3^2$	$+0{,}0108$	$-0{,}0601$	$-0{,}0381$
	$M_{dc}-M_{de}$	$-0{,}032$	$+0{,}180$	$-0{,}635$	$q_4 l_4^2$	$-0{,}0040$	$+0{,}0225$	$-0{,}0794$
1,8:1:1,2:2		M_{ba}	M_{cb}	M_{dc}	$q_1 l_1^2$	$-0{,}0840$	$+0{,}0201$	$-0{,}0038$
	$M_{ba}-M_{bc}$	$-0{,}328$	$-0{,}161$	$+0{,}030$	$q_2 l_2^2$	$-0{,}0355$	$-0{,}0514$	$+0{,}0098$
	$M_{cb}-M_{cd}$	$+0{,}098$	$-0{,}543$	$-0{,}087$	$q_3 l_3^2$	$+0{,}0110$	$-0{,}0609$	$-0{,}0356$
	$M_{dc}-M_{dc}$	$-0{,}034$	$+0{,}187$	$-0{,}660$	$q_4 l_4^2$	$-0{,}0043$	$+0{,}0234$	$-0{,}0825$

Tafel 60

$l_1':l_2':l_3':l_4'$		Beliebige Belastung				Gleichmäßig verteilte Belastung		
		M_b	M_c	M_d		M_b	M_c	M_d
		M_{ba}	M_{cb}	M_{dc}	$q_1 l_1^2$	$-0,0868$	$+0,0212$	$-0\,0054$
$2:1:1,2:1,2$	$M_{ba}-M_{bc}$	$-0,306$	$-0,170$	$+0,043$	$q_2 l_2^2$	$-0,0330$	$-0,0531$	$+0,0134$
	$M_{cb}-M_{cd}$	$+0,090$	$-0,533$	$-0,117$	$q_3 l_3^2$	$+0,0097$	$-0,0571$	$-0,0482$
	$M_{dc}-M_{de}$	$-0,026$	$+0,152$	$-0,539$	$q_4 l_4^2$	$-0,0033$	$+0,0190$	$-0,0673$
		M_{ba}	M_{cb}	M_{dc}	$q_1 l_1^2$	$-0,0868$	$+0,0210$	$-0,0048$
$2:1:1,2:1,4$	$M_{ba}-M_{bc}$	$-0,306$	$-0,168$	$+0,038$	$q_2 l_2^2$	$-0,0330$	$-0,0526$	$+0,0120$
	$M_{cb}-M_{cd}$	$+0,090$	$-0,536$	$-0,106$	$q_3 l_3^2$	$+0,0098$	$-0,0584$	$-0,0441$
	$M_{dc}-M_{de}$	$-0,027$	$+0,164$	$-0,577$	$q_4 l_4^2$	$-0,0034$	$+0,0205$	$-0,0721$
		M_{ba}	M_{cb}	M_{dc}	$q_1 l_1^2$	$-0,0868$	$+0,0210$	$-0,0045$
$2:1:1,2:1,6$	$M_{ba}-M_{bc}$	$-0,306$	$-0,168$	$+0,036$	$q_2 l_2^2$	$-0,0330$	$-0,0525$	$+0,0113$
	$M_{cb}-M_{cd}$	$+0,090$	$-0,538$	$-0,100$	$q_3 l_3^2$	$+0,0099$	$-0,0591$	$-0,0410$
	$M_{dc}-M_{de}$	$-0,029$	$+0,172$	$-0,608$	$q_4 l_4^2$	$-0,0036$	$+0,0215$	$-0,0760$
		M_{ba}	M_{cb}	M_{dc}	$q_1 l_1^2$	$-0,0868$	$+0,0209$	$-0,0043$
$2:1:1,2:1,8$	$M_{ba}-M_{bc}$	$-0,306$	$-0,167$	$+0,034$	$q_2 l_2^2$	$-0,0331$	$-0,0522$	$+0,0106$
	$M_{cb}-M_{cd}$	$+0,091$	$-0,540$	$-0,093$	$q_3 l_3^2$	$+0,0101$	$-0,0600$	$-0,0382$
	$M_{dc}-M_{de}$	$-0,030$	$+0,180$	$-0,635$	$q_4 l_4^2$	$-0,0038$	$+0,0225$	$-0,0794$
		M_{ba}	M_{cb}	M_{dc}	$q_1 l_1^2$	$-0,0868$	$+0,0209$	$-0,0040$
$2:1:1,2:2$	$M_{ba}-M_{bc}$	$-0,306$	$-0,167$	$+0,032$	$q_2 l_2^2$	$-0,0331$	$-0,0521$	$+0,0100$
	$M_{cb}-M_{cd}$	$+0,091$	$-0,541$	$-0,088$	$q_3 l_3^2$	$+0,0102$	$-0,0607$	$-0,0356$
	$M_{dc}-M_{de}$	$-0,031$	$+0,187$	$-0,660$	$q_4 l_4^2$	$-0,0039$	$+0,0234$	$-0,0825$

Tafel 61

$l'_1 : l'_2 : l'_3 : l'_4$	Beliebige Belastung				Gleichmäßig verteilte Belastung		
	M_b	M_c	M_d		M_b	M_c	M_d
	M_{ba}	M_{cb}	M_{dc}	$q_1 l_1^2$	$-0,0717$	$+0,0162$	$-0,0045$
$1,2:1:1,4:1,2$	$M_{ba}-M_{bc}$	$-0,426$	$-0,130$	$+0,036$	$q_2 l_2^2$	$-0,0465$	$-0,0459$	$+0,0125$
	$M_{cb}-M_{cd}$	$+0,132$	$-0,578$	$-0,114$	$q_3 l_3^2$	$+0,0139$	$-0,0610$	$-0,0508$
	$M_{dc}-M_{de}$	$-0,035$	$+0,154$	$-0,504$	$q_4 l_4^2$	$-0,0044$	$+0,0193$	$-0,0630$
	M_{ba}	M_{cb}	M_{dc}	$q_1 l_1^2$	$-0,0717$	$+0,0161$	$-0,0040$
$1,2:1:1,4:1,4$	$M_{ba}-M_{bc}$	$-0,426$	$-0,129$	$+0,032$	$q_2 l_2^2$	$-0,0466$	$-0,0457$	$+0,0115$
	$M_{cb}-M_{cd}$	$+0,133$	$-0,580$	$-0,105$	$q_3 l_3^2$	$+0,0143$	$-0,0622$	$-0,0469$
	$M_{dc}-M_{de}$	$-0,038$	$+0,166$	$-0,542$	$q_4 l_4^2$	$-0,0048$	$+0,0208$	$-0,0677$
	M_{ba}	M_{cb}	M_{dc}	$q_1 l_1^2$	$-0,0717$	$+0,0160$	$-0,0038$
$1,2:1:1,4:1,6$	$M_{ba}-M_{bc}$	$-0,426$	$-0,128$	$+0,030$	$q_2 l_2^2$	$-0,0466$	$-0,0455$	$+0,0106$
	$M_{cb}-M_{cd}$	$+0,133$	$-0,582$	$-0,097$	$q_3 l_3^2$	$+0,0144$	$-0,0632$	$-0,0435$
	$M_{dc}-M_{de}$	$-0,040$	$+0,176$	$-0,575$	$q_4 l_4^2$	$-0,0050$	$+0,0220$	$-0,0718$
	M_{ba}	M_{cb}	M_{dc}	$q_1 l_1^2$	$-0,0717$	$+0,0160$	$-0,0036$
$1,2:1:1,4:1,8$	$M_{ba}-M_{bc}$	$-0,426$	$-0,128$	$+0,029$	$q_2 l_2^2$	$-0,0467$	$-0,0453$	$+0,0100$
	$M_{cb}-M_{cd}$	$+0,134$	$-0,584$	$-0,091$	$q_3 l_3^2$	$+0,0147$	$-0,0641$	$-0,0406$
	$M_{dc}-M_{de}$	$-0,042$	$+0,185$	$-0,603$	$q_4 l_4^2$	$-0,0053$	$+0,0231$	$-0,0754$
	M_{ba}	M_{cb}	M_{dc}	$q_1 l_1^2$	$-0,0716$	$+0,0159$	$-0,0033$
$1,2:1:1,4:2$	$M_{ba}-M_{bc}$	$-0,427$	$-0,127$	$+0,026$	$q_2 l_2^2$	$-0,0468$	$-0,0451$	$+0,0093$
	$M_{cb}-M_{cd}$	$+0,134$	$-0,586$	$-0,085$	$q_3 l_3^2$	$+0,0149$	$-0,0649$	$-0,0381$
	$M_{dc}-M_{de}$	$-0,044$	$+0,193$	$-0,628$	$q_4 l_4^2$	$-0,0055$	$+0,0241$	$-0,0785$

Tafel 62

$l'_1 : l'_2 : l'_3 : l'_4$	Beliebige Belastung				Gleichmäßig verteilte Belastung		
		M_b	M_c	M_d		M_b	M_c	M_d
	M_{ba}	M_{cb}	M_{dc}	$q_1 l_1^2$	$-0{,}0765$	$+0{,}0173$	$-0{,}0048$
$1{,}4:1:1{,}4:1{,}2$	$M_{ba}-M_{bc}$	$-0{,}388$	$-0{,}138$	$+0{,}038$	$q_2 l_2^2$	$-0{,}0423$	$-0{,}0469$	$+0{,}0128$
	$M_{cb}-M_{cd}$	$+0{,}120$	$-0{,}575$	$-0{,}115$	$q_3 l_3^2$	$+0{,}0127$	$-0{,}0607$	$-0{,}0509$
	$M_{dc}-M_{de}$	$-0{,}032$	$+0{,}154$	$-0{,}503$	$q_4 l_4^2$	$-0{,}0040$	$+0{,}0193$	$-0{,}0629$
	M_{ba}	M_{cb}	M_{dc}	$q_1 l_1^2$	$-0{,}0765$	$+0{,}0171$	$-0{,}0044$
$1{,}4:1:1{,}4:1{,}4$	$M_{ba}-M_{bc}$	$-0{,}388$	$-0{,}137$	$+0{,}035$	$q_2 l_2^2$	$-0{,}0424$	$-0{,}0466$	$+0{,}0117$
	$M_{cb}-M_{cd}$	$+0{,}121$	$-0{,}577$	$-0{,}106$	$q_3 l_3^2$	$+0{,}0130$	$-0{,}0619$	$-0{,}0469$
	$M_{dc}-M_{de}$	$-0{,}035$	$+0{,}165$	$-0{,}542$	$q_4 l_4^2$	$-0{,}0044$	$+0{,}0206$	$-0{,}0677$
	M_{ba}	M_{cb}	M_{dc}	$q_1 l_1^2$	$-0{,}0765$	$+0{,}0171$	$-0{,}0040$
$1{,}4:1:1{,}4:1{,}6$	$M_{ba}-M_{bc}$	$-0{,}388$	$-0{,}137$	$+0{,}032$	$q_2 l_2^2$	$-0{,}0424$	$-0{,}0464$	$+0{,}0109$
	$M_{cb}-M_{cd}$	$+0{,}121$	$-0{,}579$	$-0{,}098$	$q_3 l_3^2$	$+0{,}0132$	$-0{,}0629$	$-0{,}0437$
	$M_{dc}-M_{de}$	$-0{,}037$	$+0{,}175$	$-0{,}574$	$q_4 l_4^2$	$-0{,}0046$	$+0{,}0219$	$-0{,}0717$
	M_{ba}	M_{cb}	M_{dc}	$q_1 l_1^2$	$-0{,}0764$	$+0{,}0170$	$-0{,}0038$
$1{,}4:1:1{,}4:1{,}8$	$M_{ba}-M_{bc}$	$-0{,}389$	$-0{,}136$	$+0{,}030$	$q_2 l_2^2$	$-0{,}0426$	$-0{,}0462$	$+0{,}0101$
	$M_{cb}-M_{cd}$	$+0{,}122$	$-0{,}581$	$-0{,}091$	$q_3 l_3^2$	$+0{,}0135$	$-0{,}0637$	$-0{,}0406$
	$M_{dc}-M_{de}$	$-0{,}039$	$+0{,}184$	$-0{,}603$	$q_4 l_4^2$	$-0{,}0049$	$+0{,}0230$	$-0{,}0754$
	M_{ba}	M_{cb}	M_{dc}	$q_1 l_1^2$	$-0{,}0764$	$+0{,}0170$	$-0{,}0035$
$1{,}4:1:1{,}4:2$	$M_{ba}-M_{bc}$	$-0{,}389$	$-0{,}136$	$+0{,}028$	$q_2 l_2^2$	$-0{,}0426$	$-0{,}0460$	$+0{,}0095$
	$M_{cb}-M_{cd}$	$+0{,}122$	$-0{,}583$	$-0{,}086$	$q_3 l_3^2$	$+0{,}0135$	$-0{,}0645$	$-0{,}0382$
	$M_{dc}-M_{de}$	$-0{,}040$	$+0{,}191$	$-0{,}628$	$q_4 l_4^2$	$-0{,}0050$	$+0{,}0239$	$-0{,}0785$

Tafel 63

$l'_1:l'_2:l'_3:l'_4$	Beliebige Belastung			Gleichmäßig verteilte Belastung			
	M_b	M_c	M_d		M_b	M_c	M_d
	M_{ba}	M_{cb}	M_{dc}	$q_1 l_1^2$	$-0{,}0803$	$+0{,}0183$	$-0{,}0049$
$1{,}6:1:1{,}4:1{,}2$ $M_{ba}-M_{bc}$	$-0{,}358$	$-0{,}146$	$+0{,}039$	$q_2 l_2^2$	$-0{,}0391$	$-0{,}0478$	$+0{,}0129$
$M_{cb}-M_{cd}$	$+0{,}111$	$-0{,}573$	$-0{,}115$	$q_3 l_3^2$	$+0{,}0118$	$-0{,}0605$	$-0{,}0510$
$M_{dc}-M_{de}$	$-0{,}030$	$+0{,}153$	$-0{,}503$	$q_4 l_4^2$	$-0{,}0038$	$+0{,}0191$	$-0{,}0629$
	M_{ba}	M_{cb}	M_{dc}	$q_1 l_1^2$	$-0{,}0803$	$+0{,}0180$	$-0{,}0045$
$1{,}6:1:1{,}4:1{,}4$ $M_{ba}-M_{bc}$	$-0{,}358$	$-0{,}144$	$+0{,}036$	$q_2 l_2^2$	$-0{,}0391$	$-0{,}0474$	$+0{,}0118$
$M_{cb}-M_{cd}$	$+0{,}111$	$-0{,}575$	$-0{,}106$	$q_3 l_3^2$	$+0{,}0120$	$-0{,}0617$	$-0{,}0469$
$M_{dc}-M_{de}$	$-0{,}032$	$+0{,}165$	$-0{,}542$	$q_4 l_4^2$	$-0{,}0040$	$+0{,}0206$	$-0{,}0676$
	M_{ba}	M_{cb}	M_{dc}	$q_1 l_1^2$	$-0{,}0803$	$+0{,}0179$	$-0{,}0043$
$1{,}6:1:1{,}4:1{,}6$ $M_{ba}-M_{bc}$	$-0{,}358$	$-0{,}143$	$+0{,}034$	$q_2 l_2^2$	$-0{,}0391$	$-0{,}0471$	$+0{,}0111$
$M_{cb}-M_{cd}$	$+0{,}112$	$-0{,}577$	$-0{,}099$	$q_3 l_3^2$	$+0{,}0121$	$-0{,}0626$	$-0{,}0438$
$M_{dc}-M_{de}$	$-0{,}034$	$+0{,}174$	$-0{,}574$	$q_4 l_4^2$	$-0{,}0043$	$+0{,}0218$	$-0{,}0717$
	M_{ba}	M_{cb}	M_{dc}	$q_1 l_1^2$	$-0{,}0803$	$+0{,}0179$	$-0{,}0039$
$1{,}6:1:1{,}4:1{,}8$ $M_{ba}-M_{bc}$	$-0{,}358$	$-0{,}143$	$+0{,}031$	$q_2 l_2^2$	$-0{,}0391$	$-0{,}0469$	$+0{,}0103$
$M_{cb}-M_{cd}$	$+0{,}112$	$-0{,}579$	$-0{,}092$	$q_3 l_3^2$	$+0{,}0122$	$-0{,}0636$	$-0{,}0407$
$M_{dc}-M_{de}$	$-0{,}035$	$+0{,}183$	$-0{,}603$	$q_4 l_4^2$	$-0{,}0044$	$+0{,}0229$	$-0{,}0754$
	M_{ba}	M_{cb}	M_{dc}	$q_1 l_1^2$	$-0{,}0803$	$+0{,}0178$	$-0{,}0036$
$1{,}6:1:1{,}4:2$ $M_{ba}-M_{bc}$	$-0{,}358$	$-0{,}142$	$+0{,}029$	$q_2 l_2^2$	$-0{,}0391$	$-0{,}0466$	$+0{,}0096$
$M_{cb}-M_{cd}$	$+0{,}112$	$-0{,}581$	$-0{,}086$	$q_3 l_3^2$	$+0{,}0124$	$-0{,}0644$	$-0{,}0382$
$M_{dc}-M_{de}$	$-0{,}037$	$+0{,}191$	$-0{,}628$	$q_4 l_4^2$	$-0{,}0046$	$+0{,}0239$	$-0{,}0785$

Tafel 64

$l'_1:l'_2:l'_3:l'_4$		Beliebige Belastung				Gleichmäßig verteilte Belastung		
		M_b	M_c	M_d		M_b	M_c	M_d
		M_{ba}	M_{cb}	M_{dc}	$q_1 l_1^2$	$-0,0837$	$+0,0190$	$-0,0051$
$1,8:1:1,4:1,2$	$M_{ba}-M_{bc}$	$-0,330$	$-0,152$	$+0,041$	$q_2 l_2^2$	$-0,0360$	$-0,0484$	$+0,0131$
	$M_{cb}-M_{cd}$	$+0,102$	$-0,571$	$-0,116$	$q_3 l_3^2$	$+0,0108$	$-0,0604$	$-0,0511$
	$M_{dc}-M_{de}$	$-0,027$	$+0,153$	$-0,503$	$q_4 l_4^2$	$-0,0034$	$+0,0191$	$-0,0629$
		M_{ba}	M_{cb}	M_{dc}	$q_1 l_1^2$	$-0,0837$	$+0,0188$	$-0,0048$
$1,8:1:1,4:1,4$	$M_{ba}-M_{bc}$	$-0,330$	$-0,150$	$+0,038$	$q_2 l_2^2$	$-0,0361$	$-0,0480$	$+0,0121$
	$M_{cb}-M_{cd}$	$+0,103$	$-0,573$	$-0,107$	$q_3 l_3^2$	$+0,0110$	$-0,0615$	$-0,0471$
	$M_{dc}-M_{de}$	$-0,029$	$+0,164$	$-0,541$	$q_4 l_4^2$	$-0\,0036$	$+0,0205$	$-0,0676$
		M_{ba}	M_{cb}	M_{dc}	$q_1 l_1^2$	$-0,0837$	$+0,0185$	$-0,0044$
$1,8:1:1,4:1,6$	$M_{ba}-M_{bc}$	$-0,330$	$-0,148$	$+0,035$	$q_2 l_2^2$	$-0,0361$	$-0,0476$	$+0,0112$
	$M_{cb}-M_{cd}$	$+0,103$	$-0,576$	$-0,099$	$q_3 l_3^2$	$+0,0112$	$-0,0625$	$-0,0438$
	$M_{dc}-M_{de}$	$-0,031$	$+0,174$	$-0,574$	$q_4 l_4^2$	$-0,0039$	$+0,0218$	$-0,0717$
		M_{ba}	M_{cb}	M_{dc}	$q_1 l_1^2$	$-0,0837$	$+0,0184$	$-0,0040$
$1,8:1:1,4:1,8$	$M_{ba}-M_{bc}$	$-0,330$	$-0,147$	$+0,032$	$q_2 l_2^2$	$-0,0361$	$-0,0474$	$+0,0104$
	$M_{cb}-M_{cd}$	$+0,103$	$-0,578$	$-0,092$	$q_3 l_3^2$	$+0,0114$	$-0,0635$	$-0,0407$
	$M_{dc}-M_{de}$	$-0,033$	$+0\,183$	$-0,603$	$q_4 l_4^2$	$-0,0041$	$+0,0229$	$-0,0754$
		M_{ba}	M_{cb}	M_{dc}	$q_1 l_1^2$	$-0,0837$	$+0,0184$	$-0,0038$
$1,8:1:1,4:2$	$M_{ba}-M_{bc}$	$-0,330$	$-0,147$	$+0,030$	$q_2 l_2^2$	$-0,0362$	$-0,0473$	$+0,0097$
	$M_{cb}-M_{cd}$	$+0,104$	$-0,580$	$-0,086$	$q_3 l_3^2$	$+0,0115$	$-0,0641$	$-0,0381$
	$M_{dc}-M_{de}$	$-0\,034$	$+0,190$	$-0,628$	$q_4 l_4^2$	$-0,0043$	$+0,0238$	-0.0785

Tafel 65

$l_1':l_2':l_3':l_4'$	Beliebige Belastung				Gleichmäßig verteilte Belastung		
	M_b	M_c	M_d		M_b	M_c	M_d
	M_{ba}	M_{cb}	M_{dc}	$q_1 l_1^2$	$-0,0865$	$+0,0196$	$-0,0053$
$2:1:1,4:1,2$	$M_{ba}-M_{bc}$ $\ -0,308$	$-0,157$	$+0,042$	$q_2 l_2^2$	$-0,0337$	$-0,0490$	$+0,0132$
	$M_{cb}-M_{cd}$ $\ +0,096$	$-0,569$	$-0,116$	$q_3 l_3^2$	$+0,0102$	$-0,0601$	$-0,0511$
	$M_{dc}-M_{de}$ $\ -0,026$	$+0,152$	$-0,503$	$q_4 l_4^2$	$-0,0033$	$+0,0190$	$-0,0629$
	M_{ba}	M_{cb}	M_{dc}	$q_1 l_1^2$	$-0,0865$	$+0,0195$	$-0,0049$
$2:1:1,4:1,4$	$M_{ba}-M_{bc}$ $\ -0,308$	$-0,156$	$+0,039$	$q_2 l_2^2$	$-0,0337$	$-0,0487$	$+0,0122$
	$M_{cb}-M_{cd}$ $\ +0,096$	$-0,571$	$-0,107$	$q_3 l_3^2$	$+0,0103$	$-0,0612$	$-0,0471$
	$M_{dc}-M_{de}$ $\ -0,028$	$+0,163$	$-0,541$	$q_4 l_4^2$	$-0,0035$	$+0,0204$	$-0,0676$
	M_{ba}	M_{cb}	M_{dc}	$q_1 l_1^2$	$-0,0865$	$+0,0195$	$-0,0045$
$2:1:1,4:1,6$	$M_{ba}-M_{bc}$ $\ -0,308$	$-0,156$	$+0,036$	$q_2 l_2^2$	$-0,0337$	$-0,0486$	$+0,0113$
	$M_{cb}-M_{cd}$ $\ +0,096$	$-0,573$	$-0,099$	$q_3 l_3^2$	$+0,0104$	$-0,0621$	$-0,0438$
	$M_{dc}-M_{de}$ $\ -0,029$	$+0,173$	$-0,574$	$q_4 l_4^2$	$-0,0036$	$+0,0216$	$-0,0717$
	M_{ba}	M_{cb}	M_{dc}	$q_1 l_1^2$	$-0,0865$	$+0,0194$	$-0,0042$
$2:1:1,4:1,8$	$M_{ba}-M_{bc}$ $\ -0,308$	$-0,155$	$+0,034$	$q_2 l_2^2$	$-0,0337$	$-0,0483$	$+0,0106$
	$M_{cb}-M_{cd}$ $\ +0,096$	$-0,575$	$-0,093$	$q_3 l_3^2$	$+0,0105$	$-0,0631$	$-0,0408$
	$M_{dc}-M_{de}$ $\ -0,030$	$+0,182$	$-0,603$	$q_4 l_4^2$	$-0,0038$	$+0,0227$	$-0,0754$
	M_{ba}	M_{cb}	M_{dc}	$q_1 l_1^2$	$-0,0865$	$+0,0192$	$-0,0040$
$2:1:1,4:2$	$M_{ba}-M_{bc}$ $\ -0,308$	$-0,154$	$+0,032$	$q_2 l_2^2$	$-0,0338$	$-0,0479$	$+0,0100$
	$M_{cb}-M_{cd}$ $\ +0,097$	$-0,578$	$-0,087$	$q_3 l_3^2$	$+0,0108$	$-0,0640$	$-0,0384$
	$M_{dc}-M_{de}$ $\ -0,032$	$+0,190$	$-0,627$	$q_4 l_4^2$	$-0,0040$	$+0,0237$	$-0,0784$

Tafel 66

$l_1' : l_2' : l_3' : l_4'$	Belicbige Belastung				Gleichmäßig verteilte Belastung		
	M_b	M_c	M_d		M_b	M_c	M_d
	M_{ba}	M_{cb}	M_{dc}	$q_1 l_1^2$	$-0,0715$	$+0,0151$	$-0,0045$
$1,2:1:1,6:1,2$ $M_{ba}-M_{bc}$	$-0,428$	$-0,121$	$+0,036$	$q_2 l_2^2$	$-0,0472$	$-0,0427$	$+0,0125$
$M_{cb}-M_{cd}$	$+0,138$	$-0,608$	$-0,114$	$q_3 l_3^2$	$+0,0144$	$-0,0634$	$-0,0534$
$M_{dc}-M_{de}$	$-0,035$	$+0,152$	$-0,472$	$q_4 l_4^2$	$-0,0044$	$+0,0190$	$-0,0590$
	M_{ba}	M_{cb}	M_{dc}	$q_1 l_1^2$	$-0,0715$	$+0,0150$	$-0,0041$
$1,2:1:1,6:1,4$ $M_{ba}-M_{bc}$	$-0,428$	$-0,120$	$+0,033$	$q_2 l_2^2$	$-0,0473$	$-0,0425$	$+0,0116$
$M_{cb}-M_{cd}$	$+0,139$	$-0,610$	$-0,105$	$q_3 l_3^2$	$+0,0147$	$-0,0645$	$-0\,0496$
$M_{dc}-M_{de}$	$-0,037$	$+0,164$	$-0,510$	$q_4 l_4^2$	$-0,0046$	$+0,0205$	$-0,0638$
	M_{ba}	M_{cb}	M_{dc}	$q_1 l_1^2$	$-0,0715$	$+0,0150$	$-0,0039$
$1,2:1:1,6:1,6$ $M_{ba}-M_{bc}$	$-0,428$	$-0,120$	$+0,031$	$q_2 l_2^2$	$-0,0473$	$-0,0423$	$+0,0108$
$M_{cb}-M_{cd}$	$+0,139$	$-0,612$	$-0,098$	$q_3 l_3^2$	$+0,0149$	$-0,0656$	$-0,0463$
$M_{dc}-M_{de}$	$-0,040$	$+0,175$	$-0,543$	$q_4 l_4^2$	$-0,0050$	$+0,0219$	$-0,0679$
	M_{ba}	M_{cb}	M_{dc}	$q_1 l_1^2$	$-0,0714$	$+0,0149$	$-0,0036$
$1,2:1:1,6:1,8$ $M_{ba}-M_{bc}$	$-0,429$	$-0,119$	$+0,029$	$q_2 l_2^2$	$-0,0475$	$-0,0421$	$+0,0099$
$M_{cb}-M_{cd}$	$+0,140$	$-0,614$	$-0,090$	$q_3 l_3^2$	$+0,0152$	$-0,0664$	$-0,0430$
$M_{dc}-M_{de}$	$-0,042$	$+0,184$	$-0,573$	$q_4 l_4^2$	$-0,0053$	$+0,0230$	$-0,0716$
	M_{ba}	M_{cb}	M_{dc}	$q_1 l_1^2$	$-0,0714$	$+0,0148$	$-0,0033$
$1,2:1:1,6:2$ $M_{ba}-M_{bc}$	$-0,429$	$-0,118$	$+0,027$	$q_2 l_2^2$	$-0,0475$	$-0,0417$	$+0,0095$
$M_{cb}-M_{cd}$	$+0,140$	$-0,616$	$-0,086$	$q_3 l_3^2$	$+0,0154$	$-0,0675$	$-0,0407$
$M_{dc}-M_{de}$	$-0,044$	$+0,193$	$-0,598$	$q_4 l_4^2$	$-0,0055$	$+0,0241$	$-0,0748$

Tafel 67

$l_1' : l_2' : l_3' : l_4'$	Beliebige Belastung				Gleichmäßig verteilte Belastung		
	M_b	M_c	M_d		M_b	M_c	M_d
	M_{ba}	M_{cb}	M_{dc}	$q_1 l_1^2$	$-0,0762$	$+0,0161$	$-0,0048$
$1,4:1:1,6:1,2$	$M_{ba}-M_{bc}$ $-0,390$	$-0,129$	$+0,038$	$q_2 l_2^2$	$-0,0430$	$-0,0437$	$+0,0127$
	$M_{cb}-M_{cd}$ $+0,126$	$-0,605$	$-0,114$	$q_3 l_3^2$	$+0,0132$	$-0,0631$	$-0,0535$
	$M_{dc}-M_{de}$ $-0,032$	$+0,152$	$-0,471$	$q_4 l_4^2$	$-0,0040$	$+0,0190$	$-0,0589$
	M_{ba}	M_{cb}	M_{dc}	$q_1 l_1^2$	$-0,0761$	$+0,0160$	$-0,0044$
$1,4:1:1,6:1,4$	$M_{ba}-M_{bc}$ $-0,391$	$-0,128$	$+0,035$	$q_2 l_2^2$	$-0,0432$	$-0,0433$	$+0,0117$
	$M_{cb}-M_{cd}$ $+0,127$	$-0,608$	$-0,105$	$q_3 l_3^2$	$+0,0134$	$-0,0644$	$-0,0496$
	$M_{dc}-M_{de}$ $-0,034$	$+0,164$	$-0,510$	$q_4 l_4^2$	$-0,0043$	$+0,0205$	$-0,0638$
	M_{ba}	M_{cb}	M_{dc}	$q_1 l_1^2$	$-0,0761$	$+0,0160$	$-0,0040$
$1,4:1:1,6:1,6$	$M_{ba}-M_{bc}$ $-0,391$	$-0,128$	$+0,032$	$q_2 l_2^2$	$-0,0432$	$-0,0432$	$+0,0108$
	$M_{cb}-M_{cd}$ $+0,127$	$-0,609$	$-0,097$	$q_3 l_3^2$	$+0,0136$	$-0,0653$	$-0,0461$
	$M_{dc}-M_{de}$ $-0,036$	$+0,174$	$-0,543$	$q_4 l_4^2$	$-0,0045$	$+0,0218$	$-0,0679$
	M_{ba}	M_{cb}	M_{dc}	$q_1 l_1^2$	$-0,0761$	$+0,0159$	$-0,0038$
$1,4:1:1,6:1,8$	$M_{ba}-M_{bc}$ $-0,391$	$-0,127$	$+0,030$	$q_2 l_2^2$	$-0,0432$	$-0,0429$	$+0,0101$
	$M_{cb}-M_{cd}$ $+0,127$	$-0,612$	$-0,091$	$q_3 l_3^2$	$+0,0138$	$-0,0663$	$-0,0431$
	$M_{dc}-M_{de}$ $-0,038$	$+0,184$	$-0,573$	$q_4 l_4^2$	$-0,0048$	$+0,0230$	$-0,0716$
	M_{ba}	M_{cb}	M_{dc}	$q_1 l_1^2$	$-0,0761$	$+0,0158$	$-0,0036$
$1,4:1:1,6:2$	$M_{ba}-M_{bc}$ $-0,391$	$-0,126$	$+0,029$	$q_2 l_2^2$	$-0,0433$	$-0,0427$	$+0,0096$
	$M_{cb}-M_{cd}$ $+0,128$	$-0,614$	$-0,086$	$q_3 l_3^2$	$+0,0140$	$-0,0671$	$-0,0406$
	$M_{dc}-M_{de}$ $-0,040$	$+0,192$	$-0,598$	$q_4 l_4^2$	$-0,0050$	$+0,0240$	$-0,0748$

Tafel 68

$l'_1:l'_2:l'_3:l'_4$		Beliebige Belastung				Gleichmäßig verteilte Belastung		
		M_b	M_c	M_d		M_b	M_c	M_d
		M_{ba}	M_{cb}	M_{dc}	$q_1 l_1^2$	$-0{,}0802$	$+0{,}0168$	$-0{,}0049$
$1{,}6:1:1{,}6:1{,}2$	$M_{ba}-M_{bc}$	$-0{,}358$	$-0{,}134$	$+0{,}039$	$q_2 l_2^2$	$-0{,}0395$	$-0{,}0441$	$+0{,}0129$
	$M_{cb}-M_{cd}$	$+0{,}116$	$-0{,}604$	$-0{,}115$	$q_3 l_3^2$	$+0{,}0121$	$-0{,}0630$	$-0{,}0536$
	$M_{dc}-M_{de}$	$-0{,}029$	$+0{,}151$	$-0{,}471$	$q_4 l_4^2$	$-0{,}0036$	$+0{,}0189$	$-0{,}0589$
		M_{ba}	M_{cb}	M_{dc}	$q_1 l_1^2$	$-0{,}0802$	$+0{,}0168$	$-0{,}0045$
$1{,}6:1:1{,}6:1{,}4$	$M_{ba}-M_{bc}$	$-0{,}358$	$-0{,}134$	$+0{,}036$	$q_2 l_2^2$	$-0{,}0395$	$-0{,}0440$	$+0{,}0118$
	$M_{cb}-M_{cd}$	$+0{,}116$	$-0{,}606$	$-0{,}106$	$q_2 l_3^2$	$+0{,}0123$	$-0{,}0641$	$-0{,}0497$
	$M_{dc}-M_{de}$	$-0{,}031$	$+0{,}163$	$-0{,}509$	$q_4 l_4^2$	$-0{,}0039$	$+0{,}0204$	$-0{,}0636$
		M_{ba}	M_{cb}	M_{dc}	$q_1 l_1^2$	$-0{,}0802$	$+0{,}0166$	$-0{,}0043$
$1{,}6:1:1{,}6:1{,}6$	$M_{ba}-M_{bc}$	$-0{,}358$	$-0{,}133$	$+0{,}034$	$q_2 l_2^2$	$-0{,}0395$	$-0{,}0437$	$+0{,}0111$
	$M_{cb}-M_{cd}$	$+0{,}116$	$-0{,}608$	$-0{,}099$	$q_3 l_3^2$	$+0{,}0125$	$-0{,}0652$	$-0{,}0463$
	$M_{dc}-M_{de}$	$-0{,}033$	$+0{,}174$	$-0{,}543$	$q_4 l_4^2$	$-0{,}0041$	$+0{,}0218$	$-0{,}0679$
		M_{ba}	M_{cb}	M_{dc}	$q_1 l_1^2$	$-0{,}0802$	$+0{,}0166$	$-0{,}0039$
$1{,}6:1:1{,}6:1{,}8$	$M_{ba}-M_{bc}$	$-0{,}358$	$-0{,}133$	$+0{,}031$	$q_2 l_2^2$	$-0{,}0396$	$-0{,}0435$	$+0{,}0102$
	$M_{cb}-M_{cd}$	$+0{,}117$	$-0{,}610$	$-0{,}091$	$q_3 l_3^2$	$+0{,}0127$	$-0{,}0661$	$-0{,}0431$
	$M_{dc}-M_{de}$	$-0{,}035$	$+0{,}183$	$-0{,}573$	$q_4 l_4^2$	$-0\,0044$	$+0{,}0229$	$-0{,}0716$
		M_{ba}	M_{cb}	M_{dc}	$q_1 l_1^2$	$-0{,}0801$	$+0{,}0165$	$-0{,}0038$
$1{,}6:1:1{,}6:2$	$M_{ba}-M_{bc}$	$-0{,}359$	$-0{,}132$	$+0{,}030$	$q_2 l_2^2$	$-0{,}0397$	$-0{,}0433$	$+0{,}0098$
	$M_{cb}-M_{cd}$	$+0{,}117$	$-0{,}612$	$-0{,}087$	$q_3 l_3^2$	$+0{,}0129$	$-0{,}0670$	$-0{,}0408$
	$M_{dc}-M_{de}$	$-0{,}037$	$+0{,}192$	$-0{,}598$	$q_4 l_4^2$	$-0{,}0046$	$+0{,}0240$	$-0{,}0747$

Tafel 69

$l_1':l_2':l_3':l_4'$	Beliebige Belastung				Gleichmäßig verteilte Belastung			
		M_b	M_c	M_d		M_b	M_c	M_d
		M_{ba}	M_{cb}	M_{dc}	$q_1 l_1^2$	$-0,0835$	$+0,0176$	$-0,0051$
$1,8:1:1,6:1,2$	$M_{ba}-M_{bc}$	$-0,332$	$-0,141$	$+0,041$	$q_2 l_2^2$	$-0,0366$	$-0,0450$	$+0,0130$
	$M_{cb}-M_{cd}$	$+0,107$	$-0,601$	$-0,115$	$q_3 l_3^2$	$+0,0112$	$-0,0626$	$-0,0536$
	$M_{dc}-M_{de}$	$-0,027$	$+0,150$	$-0,471$	$q_4 l_4^2$	$-0,0034$	$+0,0188$	$-0,0589$
		M_{ba}	M_{cb}	M_{dc}	$q_1 l_1^2$	$-0,0835$	$+0,0175$	$-0,0046$
$1,8:1:1,6:1,4$	$M_{ba}-M_{bc}$	$-0,332$	$-0,140$	$+0,037$	$q_2 l_2^2$	$-0,0367$	$-0,0446$	$+0,0119$
	$M_{cb}-M_{cd}$	$+0,108$	$-0,604$	$-0,106$	$q_3 l_3^2$	$+0,0114$	$-0,0640$	$-0,0497$
	$M_{dc}-M_{de}$	$-0,029$	$+0,163$	$-0,509$	$q_4 l_4^2$	$-0,0036$	$+0,0204$	$-0,0636$
		M_{ba}	M_{cb}	M_{dc}	$q_1 l_1^2$	$-0,0835$	$+0,0175$	$-0,0044$
$1,8:1:1,6:1,6$	$M_{ba}-M_{bc}$	$-0,332$	$-0,140$	$+0,035$	$q_2 l_2^2$	$-0,0367$	$-0,0444$	$+0,0111$
	$M_{cb}-M_{cd}$	$+0,108$	$-0,606$	$-0,099$	$q_3 l_3^2$	$+0,0116$	$-0,0650$	$-0,0462$
	$M_{dc}-M_{de}$	$-0,031$	$+0,173$	$-0,543$	$q_4 l_4^2$	$-0,0039$	$+0,0216$	$-0,0679$
		M_{ba}	M_{cb}	M_{dc}	$q_1 l_1^2$	$-0,0834$	$+0,0174$	$-0,0041$
$1,8:1:1,6:1,8$	$M_{ba}-M_{bc}$	$-0,333$	$-0,139$	$+0,033$	$q_2 l_2^2$	$-0,0369$	$-0,0442$	$+0,0105$
	$M_{cb}-M_{cd}$	$+0,109$	$-0,608$	$-0,092$	$q_3 l_3^2$	$+0,0119$	$-0,0659$	$-0,0434$
	$M_{dc}-M_{de}$	$-0,033$	$+0,182$	$-0,572$	$q_4 l_4^2$	$-0,0041$	$+0,0228$	$-0,0715$
		M_{ba}	M_{cb}	M_{dc}	$q_1 l_1^2$	$-0,0834$	$+0,0173$	$-0,0039$
$1,8:1:1,6:2$	$M_{ba}-M_{bc}$	$-0,333$	$-0,138$	$+0,031$	$q_2 l_2^2$	$-0,0369$	$-0,0439$	$+0,0099$
	$M_{cb}-M_{cd}$	$+0,109$	$-0,610$	$-0,087$	$q_3 l_3^2$	$+0,0119$	$-0,0668$	$-0,0407$
	$M_{dc}-M_{de}$	$-0,034$	$+0,191$	$-0,598$	$q_4 l_4^2$	$-0,0043$	$+0,0239$	$-0,0748$

Tafel 70

$l_1':l_2':l_3':l_4'$		Beliebige Belastung				Gleichmäßig verteilte Belastung		
		M_b	M_c	M_d		M_b	M_c	M_d
		M_{ba}	M_{cb}	M_{dc}	$q_1 l_1^2$	$-0\ 0862$	$+0{,}0183$	$-0{,}0053$
$2:1:1{,}6:1{,}2$	$M_{ba}-M_{bc}$	$-0{,}310$	$-0{,}146$	$+0{,}042$	$q_2 l_2^2$	$-0{,}0341$	$-0{,}0455$	$+0{,}0132$
	$M_{cb}-M_{cd}$	$+0{,}100$	$-0{,}600$	$-0{,}116$	$q_3 l_3^2$	$+0{,}0104$	$-0{,}0625$	$-0{,}0537$
	$M_{dc}-M_{de}$	$-0{,}025$	$+0{,}150$	$-0{,}471$	$q_4 l_4^2$	$-0{,}0031$	$+0{,}0188$	$-0{,}0590$
		M_{ba}	M_{cb}	M_{dc}	$q_1 l_1^2$	$-0{,}0862$	$+0{,}0181$	$-0{,}0049$
$2:1:1{,}6:1{,}4$	$M_{ba}-M_{bc}$	$-0{,}310$	$-0{,}145$	$+0{,}039$	$q_2 l_2^2$	$-0{,}0341$	$-0{,}0452$	$+0{,}0122$
	$M_{cb}-M_{cd}$	$+0{,}100$	$-0{,}602$	$-0{,}107$	$q_3 l_3^2$	$+0{,}0106$	$-0{,}0637$	$-0{,}0498$
	$M_{dc}-M_{de}$	$-0{,}027$	$+0{,}162$	$-0{,}509$	$q_4 l_4^2$	$-0{,}0034$	$+0{,}0202$	$-0{,}0636$
		M_{ba}	M_{cb}	M_{dc}	$q_1 l_1^2$	$-0{,}0862$	$+0{,}0180$	$-0{,}0045$
$2:1:1{,}6:1{,}6$	$M_{ba}-M_{bc}$	$-0{,}310$	$-0{,}144$	$+0{,}036$	$q_2 l_2^2$	$-0{,}0342$	$-0{,}0449$	$+0{,}0113$
	$M_{cb}-M_{cd}$	$+0{,}101$	$-0{,}604$	$-0{,}100$	$q_3 l_3^2$	$+0{,}0108$	$-0{,}0648$	$-0{,}0464$
	$M_{dc}-M_{de}$	$-0{,}029$	$+0{,}173$	$-0{,}542$	$q_4 l_4^2$	$-0{,}0036$	$+0{,}0216$	$-0{,}0678$
		M_{ba}	M_{cb}	M_{dc}	$q_1 l_1^2$	$-0{,}0862$	$+0{,}0180$	$-0{,}0043$
$2:1:1{,}6:1{,}8$	$M_{ba}-M_{bc}$	$-0{,}310$	$-0{,}144$	$+0{,}034$	$q_2 l_2^2$	$-0{,}0342$	$-0{,}0447$	$+0{,}0105$
	$M_{cb}-M_{cd}$	$+0{,}101$	$-0{,}606$	$-0{,}092$	$q_3 l_3^2$	$+0{,}0109$	$-0{,}0658$	$-0{,}0433$
	$M_{dc}-M_{de}$	$-0{,}030$	$+0{,}182$	$-0{,}572$	$q_4 l_4^2$	$-0{,}0038$	$+0{,}0228$	$-0{,}0715$
		M_{ba}	M_{cb}	M_{dc}	$q_1 l_1^2$	$-0{,}0862$	$+0{,}0180$	$-0{,}0040$
$2:1:1{,}6:2$	$M_{ba}-M_{bc}$	$-0{,}310$	$-0{,}144$	$+0{,}032$	$q_2 l_2^2$	$-0{,}0342$	$-0{,}0446$	$+0{,}0100$
	$M_{cb}-M_{cd}$	$+0{,}101$	$-0{,}608$	$-0{,}087$	$q_3 l_3^2$	$+0{,}0111$	$-0{,}0665$	$-0{,}0408$
	$M_{dc}-M_{de}$	$-0{,}032$	$+0{,}190$	$-0{,}598$	$q_4 l_4^2$	$-0{,}0040$	$+0{,}0238$	$-0{,}0748$

Tafel 71

$l'_1:l'_2:l'_3:l'_4$	Beliebige Belastung				Gleichmäßig verteilte Belastung		
		M_b	M_c	M_d		M_b	M_c	M_d
	M_{ba}	M_{cb}	M_{dc}	$q_1 l_1^2$	$-0,0713$	$+0,0142$	$-0,0041$
$1,2:1:1,8:1,2$	$M_{ba}-M_{bc}$	$-0,429$	$-0,114$	$+0,033$	$q_2 l_2^2$	$-0,0478$	$-0,0401$	$+0,0119$
	$M_{cb}-M_{cd}$	$+0,144$	$-0,633$	$-0,110$	$q_3 l_3^2$	$+0,0148$	$-0,0651$	$-0,0554$
	$M_{dc}-M_{de}$	$-0,034$	$+0,149$	$-0,445$	$q_4 l_4^2$	$-0,0043$	$+0,0186$	$-0,0557$
	M_{ba}	M_{cb}	M_{dc}	$q_1 l_1^2$	$-0,0713$	$+0,0141$	$-0,0039$
$1,2:1:1,8:1,4$	$M_{ba}-M_{bc}$	$-0,429$	$-0,113$	$+0,031$	$q_2 l_2^2$	$-0,0479$	$-0,0398$	$+0,0111$
	$M_{cb}-M_{cd}$	$+0,145$	$-0,636$	$-0,102$	$q_3 l_3^2$	$+0,0152$	$-0,0664$	$-0,0516$
	$M_{dc}-M_{de}$	$-0,037$	$+0,162$	$-0,482$	$q_4 l_4^2$	$-0,0046$	$+0,0202$	$-0,0603$
	M_{ba}	M_{cb}	M_{dc}	$q_1 l_1^2$	$-0,0712$	$+0,0140$	$-0,0036$
$1,2:1:1,8:1,6$	$M_{ba}-M_{bc}$	$-0,430$	$-0,112$	$+0,029$	$q_2 l_2^2$	$-0,0479$	$-0,0394$	$+0,0104$
	$M_{cb}-M_{cd}$	$+0,145$	$-0,639$	$-0,096$	$q_3 l_3^2$	$+0,0153$	$-0,0677$	$-0,0482$
	$M_{dc}-M_{dc}$	$-0,039$	$+0.174$	-0.517	$q_4 l_4^2$	$-0,0049$	$+0,0218$	$-0,0646$
	M_{ba}	M_{cb}	M_{dc}	$q_1 l_1^2$	$-0,0712$	$+0,0139$	$-0,0034$
$1,2:1:1,8:1,8$	$M_{ba}-M_{bc}$	$-0,430$	$-0,111$	$+0,027$	$q_2 l_2^2$	$-0,0479$	$-0,0391$	$+0,0098$
	$M_{cb}-M_{cd}$	$+0,146$	$-0,641$	$-0,090$	$q_3 l_3^2$	$+0,0156$	$-0,0686$	$-0,0455$
	$M_{dc}-M_{de}$	$-0,042$	$+0,183$	$-0,545$	$q_4 l_4^2$	$-0,0053$	$+0,0229$	$-0,0682$
	M_{ba}	M_{cb}	M_{dc}	$q_1 l_1^2$	$-0,0712$	$+0,0138$	$-0,0032$
$1,2:1:1,8:2$	$M_{ba}-M_{bc}$	$-0,430$	$-0,110$	$+0,026$	$q_2 l_2^2$	$-0,0479$	$-0,0389$	$+0,0093$
	$M_{cb}-M_{cd}$	$+0,146$	$-0,643$	$-0,085$	$q_3 l_3^2$	$+0,0158$	$-0,0695$	$-0,0428$
	$M_{dc}-M_{de}$	$-0,044$	$+0,192$	$-0,572$	$q_4 l_4^2$	$-0,0055$	$+0,0240$	$-0,0715$

Tafel 72

$l_1':l_2':l_3':l_4'$	Beliebige Belastung				Gleichmäßig verteilte Belastung		
	M_b	M_c	M_d		M_b	M_c	M_d
	M_{ba}	M_{cb}	M_{dc}	$q_1 l_1^2$	$-0,0760$	$+0,0150$	$-0,0044$
$1,4:1:1,8:1,2$	$M_{ba}-M_{bc}$	$-0,392$	$-0,120$	$+0,035$	$q_2 l_2^2$	$-0,0435$	$-0,0408$	$+0,0121$
	$M_{cb}-M_{cd}$	$+0,131$	$-0,631$	$-0,111$	$q_3 l_3^2$	$+0,0135$	$-0,0648$	$-0,0555$
	$M_{dc}-M_{de}$	$-0,031$	$+0,148$	$-0,445$	$q_4 l_4^2$	$-0,0039$	$+0,0185$	$-0,0556$
	M_{ba}	M_{cb}	M_{dc}	$q_1 l_1^2$	$-0,0759$	$+0,0149$	$-0,0041$
$1,4:1:1,8:1,4$	$M_{ba}-M_{bc}$	$-0,393$	$-0,119$	$+0,033$	$q_2 l_2^2$	$-0,0438$	$-0,0404$	$+0,0114$
	$M_{cb}-M_{cd}$	$+0,132$	$-0,634$	$-0,103$	$q_3 l_3^2$	$+0,0138$	$-0,0662$	$-0,0517$
	$M_{dc}-M_{de}$	$-0,034$	$+0,161$	$-0,482$	$q_4 l_4^2$	$-0,0043$	$+0,0201$	$-0,0603$
	M_{ba}	M_{cb}	M_{dc}	$q_1 l_1^2$	$-0,0759$	$+0,0149$	$-0,0039$
$1,4:1:1,8:1,6$	$M_{ba}-M_{bc}$	$-0,393$	$-0,119$	$+0,031$	$q_2 l_2^2$	$-0,0439$	$-0,0402$	$+0,0106$
	$M_{cb}-M_{cd}$	$+0,133$	$-0,636$	$-0,096$	$q_3 l_3^2$	$+0,0141$	$-0,0674$	$-0,0482$
	$M_{dc}-M_{de}$	$-0,036$	$+0,173$	$-0,517$	$q_4 l_4^2$	$-0,0045$	$+0,0216$	$-0,0646$
	M_{ba}	M_{cb}	M_{dc}	$q_1 l_1^2$	$-0,0759$	$+0,0148$	$-0,0036$
$1,4:1:1,8:1,8$	$M_{ba}-M_{bc}$	$-0,393$	$-0,118$	$+0,029$	$q_2 l_2^2$	$-0,0439$	$-0,0399$	$+0,0100$
	$M_{cb}-M_{cd}$	$+0,133$	$-0,638$	$-0,091$	$q_3 l_3^2$	$+0,0143$	$-0,0684$	$-0,0455$
	$M_{dc}-M_{de}$	$-0,038$	$+0,182$	$-0,545$	$q_4 l_4^2$	$-0,0048$	$+0,0227$	$-0,0681$
	M_{ba}	M_{cb}	M_{dc}	$q_1 l_1^2$	$-0,0759$	$+0,0148$	$-0,0035$
$1,4:1:1,8:2$	$M_{ba}-M_{bc}$	$-0,393$	$-0,118$	$+0,028$	$q_2 l_2^2$	$-0,0440$	$-0,0398$	$+0,0095$
	$M_{cb}-M_{cd}$	$+0,134$	$-0,640$	$-0,086$	$q_3 l_3^2$	$+0,0145$	$-0,0692$	$-0,0429$
	$M_{dc}-M_{de}$	$-0,040$	$+0,191$	$-0,571$	$q_4 l_4^2$	$-0,0050$	$+0,0239$	$-0,0714$

Tafel 73

$l'_1:l'_2:l'_3:l'_4$	Beliebige Belastung				Gleichmäßig verteilte Belastung		
	M_b	M_c	M_d		M_b	M_c	M_d
	M_{ba}	M_{cb}	M_{dc}	$q_1 l_1^2$	$-0,0800$	$+0,0158$	$-0,0048$
$1,6:1:1,8:1,2$	$M_{ba}-M_{bc}$ $-0,360$	$-0,126$	$+0,038$	$q_2 l_2^2$	$-0,0400$	$-0,0414$	$+0,0125$
	$M_{cb}-M_{cd}$ $+0,120$	$-0,629$	$-0,112$	$q_3 l_3^2$	$+0,0123$	$-0,0647$	$-0,0556$
	$M_{dc}-M_{de}$ $-0,028$	$+0,148$	$-0,445$	$q_4 l_4^2$	$-0,0035$	$+0,0185$	$-0,0556$
	M_{ba}	M_{cb}	M_{dc}	$q_1 l_1^2$	$-0,0800$	$+0,0156$	$-0,0044$
$1,6:1:1,8:1,4$	$M_{ba}-M_{bc}$ $-0,360$	$-0,125$	$+0,035$	$q_2 l_2^2$	$-0,0401$	$-0,0410$	$+0,0116$
	$M_{cb}-M_{cd}$ $+0,121$	$-0,632$	-0.104	$q_3 l_3^2$	$+0,0127$	$-0,0661$	$-0,0518$
	$M_{dc}-M_{de}$ $-0,031$	$+0,161$	$-0,482$	$q_4 l_4^2$	$-0,0039$	$+0,0201$	$-0,0603$
	M_{ba}	M_{cb}	M_{dc}	$q_1 l_1^2$	$-0,0798$	$+0,0155$	$-0,0041$
$1,6:1:1,8:1,6$	$M_{ba}-M_{bc}$ $-0,361$	$-0,124$	$+0,033$	$q_2 l_2^2$	$-0,0103$	$-0,0408$	$+0,0109$
	$M_{cb}-M_{cd}$ $+0,122$	$-0,634$	$-0,097$	$q_3 l_3^2$	$+0,0130$	$-0,0671$	$-0,0483$
	$M_{dc}-M_{de}$ $-0,033$	$+0,172$	$-0,517$	$q_4 l_4^2$	$-0,0041$	$+0,0215$	$-0,0646$
	M_{ba}	M_{cb}	M_{dc}	$q_1 l_1^2$	$-0,0798$	$+0,0155$	$-0,0039$
$1,6:1:1,8:1,8$	$M_{ba}-M_{bc}$ $-0,361$	$-0,124$	$0,031$	$q_2 l_2^2$	$-0,0403$	$-0,0406$	$+0,0102$
	$M_{cb}-M_{cd}$ $+0,122$	$-0,636$	$-0,091$	$q_3 l_3^2$	$+0,0131$	$-0,0682$	$-0,0455$
	$M_{dc}-M_{de}$ $-0,035$	$+0,182$	$-0,545$	$q_4 l_4^2$	$-0,0044$	$+0,0227$	$-0,0681$
	M_{ba}	M_{cb}	M_{dc}	$q_1 l_1^2$	$-0,0798$	$+0,0155$	$-0,0038$
$1,6:1:1,8:2$	$M_{ba}-M_{bc}$ $-0,361$	$-0,124$	$+0,030$	$q_2 l_2^2$	$-0,0404$	$-0,0404$	$+0,0097$
	$M_{cb}-M_{cd}$ $+0,123$	$-0,638$	$-0,086$	$q_3 l_3^2$	$+0,0134$	$-0,0691$	$-0,0429$
	$M_{dc}-M_{de}$ $-0,037$	$+0,191$	$-0,571$	$q_4 l_4^2$	$-0,0046$	$+0,0239$	$-0,0714$

Tafel 74

$l_1':l_2':l_3':l_4'$	Beliebige Belastung				Gleichmäßig verteilte Belastung		
	M_b	M_c	M_d		M_b	M_c	M_d
	M_{ba}	M_{cb}	M_{dc}	$q_1 l_1^2$	$-0{,}0834$	$+0{,}0164$	$-0{,}0049$
$1{,}8:1:1{,}8:1{,}2$ $M_{ba}-M_{bc}$	$-0{,}333$	$-0{,}131$	$+0{,}039$	$q_2 l_2^2$	$-0{,}0369$	$-0{,}0420$	$+0{,}0126$
$M_{cb}-M_{cd}$	$+0{,}111$	$-0{,}627$	$-0{,}112$	$q_3 l_3^2$	$+0{,}0114$	$-0{,}0645$	$-0{,}0556$
$M_{dc}-M_{de}$	$-0{,}026$	$+0{,}148$	$-0{,}445$	$q_4 l_4^2$	$-0{,}0033$	$+0{,}0185$	$-0{,}0556$
	M_{ba}	M_{cb}	M_{dc}	$q_1 l_1^2$	$-0{,}0832$	$+0{,}0162$	$-0{,}0046$
$1{,}8:1:1{,}8:1{,}4$ $M_{ba}-M_{bc}$	$-0{,}334$	$-0{,}130$	$+0{,}037$	$q_2 l_2^2$	$-0{,}0371$	$-0{,}0416$	$+0{,}0118$
$M_{cb}-M_{cd}$	$+0{,}112$	$-0{,}630$	$-0{,}104$	$q_3 l_3^2$	$+0{,}0117$	$-0{,}0658$	$-0{,}0518$
$M_{dc}-M_{de}$	$-0{,}029$	$+0{,}160$	$-0{,}482$	$q_4 l_4^2$	$-0{,}0036$	$+0{,}0200$	$-0{,}0603$
	M_{ba}	M_{cb}	M_{dc}	$q_1 l_1^2$	$-0{,}0832$	$+0{,}0162$	$-0{,}0044$
$1{,}8:1:1{,}8:1{,}6$ $M_{ba}-M_{bc}$	$-0{,}334$	$-0{,}130$	$+0{,}035$	$q_2 l_2^2$	$-0{,}0372$	$-0{,}0415$	$+0{,}0111$
$M_{cb}-M_{cd}$	$+0{,}113$	$-0{,}632$	$-0{,}098$	$q_3 l_3^2$	$+0{,}0120$	$-0{,}0669$	$-0{,}0485$
$M_{dc}-M_{de}$	$-0{,}031$	$+0{,}172$	$-0{,}516$	$q_4 l_4^2$	$-0{,}0039$	$+0{,}0215$	$-0{,}0645$
	M_{ba}	M_{cb}	M_{dc}	$q_1 l_1^2$	$-0{,}0832$	$+0{,}0161$	$-0{,}0041$
$1{,}8:1:1{,}8:1{,}8$ $M_{ba}-M_{bc}$	$-0{,}334$	$-0{,}129$	$+0{,}033$	$q_2 l_2^2$	$-0{,}0372$	$-0{,}0412$	$+0{,}0104$
$M_{cb}-M_{cd}$	$+0{,}113$	$-0{,}634$	$-0{,}092$	$q_3 l_3^2$	$+0{,}0121$	$-0{,}0679$	$-0{,}0456$
$M_{dc}-M_{de}$	$-0{,}033$	$+0{,}181$	$-0{,}545$	$q_4 l_4^2$	$-0{,}0041$	$+0{,}0226$	$-0{,}0681$
	M_{ba}	M_{cb}	M_{dc}	$q_1 l_1^2$	$-0{,}0832$	$+0{,}0160$	$-0{,}0037$
$1{,}8:1:1{,}8:2$ $M_{ba}-M_{bc}$	$-0{,}334$	$-0{,}128$	$+0{,}031$	$q_2 l_2^2$	$-0{,}0373$	$-0{,}0410$	$+0{,}0098$
$M_{cb}-M_{cd}$	$+0{,}114$	$-0{,}636$	$-0{,}086$	$q_3 l_3^2$	$+0{,}0123$	$-0{,}0688$	$-0{,}0429$
$M_{dc}-M_{dc}$	$-0{,}034$	$+0{,}190$	$-0{,}571$	$q_4 l_4^2$	$-0{,}0043$	$+0{,}0237$	$-0{,}0714$

Tafel 75

$l'_1 : l'_2 : l'_3 : l'_4$	Beliebige Belastung				Gleichmäßig verteilte Belastung		
	M_b	M_c	M_d		M_b	M_c	M_d
	M_{ba}	M_{cb}	M_{dc}	$q_1 l_1^2$	$-0,0861$	$+0,0171$	$-0,0051$
$2:1:1,8:1,2$	$M_{ba}-M_{bc}$ $-0,311$	$-0,137$	$+0,041$	$q_2 l_2^2$	$-0,0346$	$-0,0426$	$+0,0128$
	$M_{cb}-M_{cd}$ $+0,104$	$-0,625$	$-0,113$	$q_3 l_3^2$	$+0,0108$	$-0,0644$	$-0,0557$
	$M_{dc}-M_{de}$ $-0,025$	$+0,148$	$-0,444$	$q_4 l_4^2$	$-0,0031$	$+0,0185$	$-0,0555$
	M_{ba}	M_{cb}	M_{dc}	$q_1 l_1^2$	$-0,0861$	$+0,0170$	$-0,0048$
$2:1:1,8:1,4$	$M_{ba}-M_{bc}$ $-0,311$	$-0,136$	$+0,038$	$q_2 l_2^2$	$-0,0346$	$-0,0423$	$+0,0119$
	$M_{cb}-M_{cd}$ $+0,105$	$-0,628$	$-0,105$	$q_3 l_3^2$	$+0,0110$	$-0,0656$	$-0,0519$
	$M_{dc}-M_{de}$ $-0,027$	$+0,160$	$-0,481$	$q_4 l_4^2$	$-0,0034$	$+0,0200$	$-0,0602$
	M_{ba}	M_{cb}	M_{dc}	$q_1 l_1^2$	$-0,0861$	$+0,0169$	$-0,0045$
$2:1:1,8:1,6$	$M_{ba}-M_{bc}$ $-0,311$	$-0,135$	$+0,036$	$q_2 l_2^2$	$-0,0346$	$-0,0421$	$+0,0112$
	$M_{cb}-M_{cd}$ $+0,105$	$-0,630$	$-0,098$	$q_3 l_3^2$	$+0,0111$	$-0,0667$	$-0,0485$
	$M_{dc}-M_{de}$ $-0,029$	$+0,171$	$-0,516$	$q_4 l_4^2$	$-0,0036$	$+0,0214$	$-0,0645$
	M_{ba}	M_{cb}	M_{dc}	$q_1 l_1^2$	$-0,0861$	$+0,0169$	$-0,0043$
$2:1:1,8:1,8$	$M_{ba}-M_{bc}$ $-0,311$	$-0,135$	$+0,034$	$q_2 l_2^2$	$-0,0346$	$-0,0419$	$+0,0105$
	$M_{cb}-M_{cd}$ $+0,105$	$-0,632$	$-0,092$	$q_3 l_3^2$	$+0,0112$	$-0,0678$	$-0,0457$
	$M_{dc}-M_{de}$ $-0,030$	$+0,181$	$-0,544$	$q_4 l_4^2$	$-0,0038$	$+0,0226$	$-0,0680$
	M_{ba}	M_{cb}	M_{dc}	$q_1 l_1^2$	$-0,0861$	$+0,0168$	$-0,0040$
$2:1:1,8:2$	$M_{ba}-M_{bc}$ $-0,311$	$-0,134$	$+0,032$	$q_2 l_2^2$	$-0,0347$	$-0,0417$	$+0,0099$
	$M_{cb}-M_{cd}$ $+0,106$	$-0,634$	$-0,087$	$q_3 l_3^2$	$+0,0114$	$-0,0658$	$-0,0429$
	$M_{dc}-M_{de}$ $-0,031$	$+0,189$	$-0,571$	$q_4 l_4^2$	$-0,0039$	$+0,0236$	$-0,0714$

Tafel 76

$l_1':l_2':l_3':l_4'$		Beliebige Belastung				Gleichmäßig verteilte Belastung		
		M_b	M_c	M_d		M_b	M_c	M_d
		M_{ba}	M_{cb}	M_{dc}	$q_1 l_1^2$	$-0{,}0710$	$+0{,}0132$	$-0{,}0041$
$1{,}2:1:2:1{,}2$	$M_{ba}-M_{bc}$	$-0{,}432$	$-0{,}106$	$+0{,}033$	$q_2 l_2^2$	$-0{,}0484$	$-0{,}0375$	$+0{,}0117$
	$M_{cb}-M_{cd}$	$+0{,}149$	$-0{,}655$	$-0{,}107$	$q_3 l_3^2$	$+0{,}0152$	$-0{,}0668$	$-0{,}0571$
	$M_{dc}-M_{de}$	$-0{,}033$	$+0{,}146$	$-0{,}421$	$q_4 l_4^2$	$-0{,}0041$	$+0{,}0182$	$-0{,}0526$
		M_{ba}	M_{cb}	M_{dc}	$q_1 l_1^2$	$-0{,}0710$	$+0{,}0131$	$-0{,}0039$
$1{,}2:1:2:1{,}4$	$M_{ba}-M_{bc}$	$-0{,}432$	$-0{,}105$	$+0{,}031$	$q_2 l_2^2$	$-0{,}0485$	$-0{,}0373$	$+0{,}0110$
	$M_{cb}-M_{cd}$	$+0{,}150$	$-0{,}658$	$-0{,}101$	$q_3 l_3^2$	$+0{,}0155$	$-0{,}0681$	$-0{,}0535$
	$M_{dc}-M_{de}$	$-0{,}036$	$+0{,}159$	$-0{,}459$	$q_4 l_4^2$	$-0{,}0045$	$+0{,}0199$	$-0{,}0574$
		M_{ba}	M_{cb}	M_{dc}	$q_1 l_1^2$	$-0{,}0710$	$+0{,}0130$	$-0{,}0036$
$1{,}2:1:2:1{,}6$	$M_{ba}-M_{bc}$	$-0{,}432$	$-0{,}104$	$+0{,}029$	$q_2 l_2^2$	$-0{,}0485$	$-0{,}0370$	$+0{,}0102$
	$M_{cb}-M_{cd}$	$+0{,}150$	$-0{,}660$	$-0{,}094$	$q_3 l_3^2$	$+0{,}0158$	$-0{,}0692$	$-0{,}0501$
	$M_{dc}-M_{de}$	$-0{,}039$	$+0{,}170$	$-0{,}492$	$q_4 l_4^2$	$-0{,}0049$	$+0{,}0213$	$-0{,}0615$
		M_{ba}	M_{cb}	M_{dc}	$q_1 l_1^2$	$-0{,}0710$	$+0{,}0130$	$-0{,}0035$
$1{,}2:1:2:1{,}8$	$M_{ba}-M_{bc}$	$-0{,}432$	$-0{,}104$	$+0{,}028$	$q_2 l_2^2$	$-0{,}0486$	$-0{,}0368$	$+0{,}0098$
	$M_{cb}-M_{cd}$	$+0{,}151$	$-0{,}662$	$-0{,}090$	$q_3 l_3^2$	$+0{,}0160$	$-0{,}0703$	$-0{,}0474$
	$M_{dc}-M_{de}$	$-0{,}041$	$+0{,}181$	$-0{,}520$	$q_4 l_4^2$	$-0{,}0051$	$+0{,}0226$	$-0{,}0650$
		M_{ba}	M_{cb}	M_{dc}	$q_1 l_1^2$	$-0{,}0710$	$+0{,}0130$	$-0{,}0033$
$1{,}2:1:2:2$	$M_{ba}-M_{bc}$	$-0{,}432$	$-0{,}104$	$+0{,}026$	$q_2 l_2^2$	$-0{,}0486$	$-0{,}0367$	$+0{,}0092$
	$M_{cb}-M_{cd}$	$+0{,}151$	$-0{,}664$	$-0{,}084$	$q_3 l_3^2$	$+0{,}0162$	$-0{,}0711$	$-0{,}0446$
	$M_{dc}-M_{de}$	$-0{,}043$	$+0{,}190$	$-0{,}548$	$q_4 l_4^2$	$-0{,}0054$	$+0{,}0237$	$-0{,}0685$

Tafel 77

$l'_1 : l'_2 : l'_3 : l'_4$	Beliebige Belastung				Gleichmäßig verteilte Belastung		
		M_b	M_c	M_d		M_b	M_c	M_d
	M_{ba}	M_{cb}	M_{dc}	$q_1 l_1^2$	$-0,0757$	$+0,0141$	$-0,0044$
$1,4:1:2:1,2$	$M_{ba}-M_{bc}$	$-0,394$	$-0,113$	$+0,035$	$q_2 l_2^2$	$-0,0442$	$-0,0382$	$+0,0119$
	$M_{cb}-M_{cd}$	$+0,136$	$-0,653$	$-0,108$	$q_3 l_3^2$	$+0,0138$	$-0,0667$	$-0,0572$
	$M_{dc}-M_{de}$	$-0,030$	$+0,146$	$-0,421$	$q_4 l_4^2$	$-0,0038$	$+0,0183$	$-0,0526$
	M_{ba}	M_{cb}	M_{dc}	$q_1 l_1^2$	$-0,0757$	$+0,0141$	$-0,0043$
$1,4:1:2:1,4$	$M_{ba}-M_{bc}$	$-0,394$	$-0,113$	$+0,034$	$q_2 l_2^2$	$-0,0443$	$-0,0381$	$+0,0113$
	$M_{cb}-M_{cd}$	$+0,137$	$-0,655$	$-0,102$	$q_3 l_3^2$	$+0,0142$	$-0,0679$	$-0,0536$
	$M_{dc}-M_{de}$	$-0,033$	$+0,159$	$-0,458$	$q_4 l_4^2$	$-0,0041$	$+0,0199$	$-0,0572$
	M_{ba}	M_{cb}	M_{dc}	$q_1 l_1^2$	$-0,0757$	$+0,0140$	$-0,0040$
$1,4:1:2:1,6$	$M_{ba}-M_{bc}$	$-0,394$	$-0,112$	$+0,032$	$q_2 l_2^2$	$-0,0443$	$-0,0378$	$+0,0106$
	$M_{cb}-M_{cd}$	$+0,137$	$-0,657$	$-0,095$	$q_3 l_3^2$	$+0,0143$	$-0,0690$	$-0,0503$
	$M_{dc}-M_{de}$	$-0,035$	$+0,170$	$-0,491$	$q_4 l_4^2$	$-0,0044$	$+0,0212$	$-0,0614$
	M_{ba}	M_{cb}	M_{dc}	$q_1 l_1^2$	$-0,0757$	$+0,0139$	$-0,0038$
$1,4:1:2:1,8$	$M_{ba}-M_{bc}$	$-0,394$	$-0,111$	$+0,030$	$q_2 l_2^2$	$-0,0444$	$-0,0377$	$+0,0100$
	$M_{cb}-M_{cd}$	$+0,138$	$-0,659$	$-0,090$	$q_3 l_3^2$	$+0,0147$	$-0,0699$	$-0,0475$
	$M_{dc}-M_{de}$	$-0,038$	$+0,180$	$-0,520$	$q_4 l_4^2$	$-0,0048$	$+0,0225$	$-0,0650$
	M_{ba}	M_{cb}	M_{dc}	$q_1 l_1^2$	$-0,0757$	$+0,0138$	$-0,0035$
$1,4:1:2:2$	$M_{ba}-M_{bc}$	$-0,394$	$-0,110$	$+0,028$	$q_2 l_2^2$	$-0,0444$	$-0,0374$	$+0,0094$
	$M_{cb}-M_{cd}$	$+0,138$	$-0,661$	$-0,085$	$q_3 l_3^2$	$+0,0148$	$-0,0708$	$-0,0447$
	$M_{dc}-M_{de}$	$-0,039$	$+0,189$	$-0,548$	$q_4 l_4^2$	$-0,0049$	$+0,0236$	$-0,0685$

Tafel 78

$l'_1:l'_2:l'_3:l'_4$		Beliebige Belastung				Gleichmäßig verteilte Belastung		
		M_b	M_c	M_d		M_b	M_c	M_d
		M_{ba}	M_{cb}	M_{dc}	$q_1 l_1^2$	$-0{,}0797$	$+0{,}0149$	$-0{,}0048$
$1{,}6:1:2:1{,}2$	$M_{ba}-M_{bc}$	$-0{,}362$	$-0{,}119$	$+0{,}038$	$q_2 l_2^2$	$-0{,}0406$	$-0{,}0389$	$+0{,}0123$
	$M_{cb}-M_{cd}$	$+0{,}125$	$-0{,}651$	$-0{,}109$	$q_3 l_3^2$	$+0{,}0127$	$-0{,}0664$	$-0{,}0573$
	$M_{dc}-M_{de}$	$-0{,}028$	$+0{,}145$	$-0{,}421$	$q_4 l_4^2$	$-0{,}0035$	$+0{,}0181$	$-0{,}0526$
		M_{ba}	M_{cb}	M_{dc}	$q_1 l_1^2$	$-0{,}0797$	$+0{,}0149$	$-0{,}0044$
$1{,}6:1:2:1{,}4$	$M_{ba}-M_{bc}$	$-0{,}362$	$-0{,}119$	$+0{,}035$	$q_2 l_2^2$	$-0{,}0407$	$-0{,}0388$	$+0{,}0114$
	$M_{cb}-M_{cd}$	$+0{,}126$	$-0{,}653$	$-0{,}102$	$q_3 l_3^2$	$+0{,}0130$	$-0{,}0676$	$-0{,}0536$
	$M_{dc}-M_{de}$	$-0{,}030$	$+0{,}158$	$-0{,}458$	$q_4 l_4^2$	$-0{,}0038$	$+0{,}0198$	$-0{,}0573$
		M_{ba}	M_{cb}	M_{dc}	$q_1 l_1^2$	$-0{,}0797$	$+0{,}0146$	$-0{,}0041$
$1{,}6:1:2:1{,}6$	$M_{ba}-M_{bc}$	$-0{,}362$	$-0{,}117$	$+0{,}033$	$q_2 l_2^2$	$-0{,}0407$	$-0{,}0385$	$+0{,}0107$
	$M_{cb}-M_{cd}$	$+0{,}126$	$-0{,}655$	$-0{,}095$	$q_3 l_3^2$	$+0{,}0132$	$-0{,}0687$	$-0{,}0502$
	$M_{dc}-M_{de}$	$-0{,}032$	$+0{,}169$	$-0{,}491$	$q_4 l_4^2$	$-0{,}0040$	$+0{,}0212$	$-0{,}0614$
		M_{ba}	M_{cb}	M_{dc}	$q_1 l_1^2$	$-0{,}0797$	$+0{,}0145$	$-0{,}0039$
$1{,}6:1:2:1{,}8$	$M_{ba}-M_{bc}$	$-0{,}362$	$-0{,}116$	$+0{,}031$	$q_2 l_2^2$	$-0{,}0407$	$-0{,}0382$	$+0{,}0102$
	$M_{cb}-M_{cd}$	$+0{,}126$	$-0{,}658$	$-0{,}091$	$q_3 l_2^2$	$+0{,}0133$	$-0{,}0698$	$-0{,}0476$
	$M_{dc}-M_{de}$	$-0{,}034$	$+0{,}180$	$-0{,}520$	$q_4 l_4^3$	$-0{,}0043$	$+0{,}0225$	$-0{,}0650$
		M_{ba}	M_{cb}	M_{dc}	$q_1 l_1^2$	$-0{,}0797$	$+0{,}0145$	$-0{,}0036$
$1{,}6:1:2:2$	$M_{ba}-M_{bc}$	$-0{,}362$	$-0{,}116$	$+0{,}029$	$q_2 l_2^2$	$-0{,}0408$	$-0{,}0381$	$+0{,}0095$
	$M_{cb}-M_{cd}$	$+0{,}127$	$-0{,}659$	$-0{,}085$	$q_3 l_3^3$	$+0{,}0136$	$-0{,}0706$	$-0{,}0447$
	$M_{dc}-M_{de}$	$-0{,}036$	$+0{,}188$	$-0{,}548$	$q_4 l_4^2$	$-0{,}0045$	$+0{,}0235$	$-0{,}0685$

Tafel 79

$l'_1:l'_2:l'_3:l'_4$	Beliebige Belastung				Gleichmäßig verteilte Belastung		
		M_b	M_c	M_d		M_b	M_c	M_d
		M_{ba}	M_{cb}	M_{dc}	$q_1 l_1^2$	$-0,0830$	$+0,0155$	$-0,0049$
$1,8:1:2:1,2$	$M_{ba}-M_{bc}$	$-0,336$	$-0,124$	$+0,039$	$q_2 l_2^2$	$-0,0377$	$-0,0395$	$+0,0125$
	$M_{cb}-M_{cd}$	$+0,116$	$-0,649$	$-0,110$	$q_3 l_3^2$	$+0,0119$	$-0,0662$	$-0,0575$
	$M_{dc}-M_{de}$	$-0,026$	$+0,145$	$-0,420$	$q_4 l_4^2$	$-0,0032$	$+0,0181$	$-0,0525$
		M_{ba}	M_{cb}	M_{dc}	$q_1 l_1^2$	$-0,0830$	$+0,0154$	$-0,0046$
$1,8:1:2:1,4$	$M_{ba}-M_{bc}$	$-0,336$	$-0,123$	$+0,037$	$q_2 l_2^2$	$-0,0378$	$-0,0393$	$+0,0117$
	$M_{cb}-M_{cd}$	$+0,117$	$-0,651$	$-0,103$	$q_3 l_3^2$	$+0,0121$	$-0,0675$	$-0,0537$
	$M_{dc}-M_{de}$	$-0,028$	$+0,158$	$-0,458$	$q_4 l_4^2$	$-0,0035$	$+0,0197$	$-0,0573$
		M_{ba}	M_{cb}	M_{dc}	$q_1 l_1^2$	$-0,0830$	$+0,0153$	$-0,0044$
$1,8:1:2:1,6$	$M_{ba}-M_{bc}$	$-0,336$	$-0,122$	$+0,035$	$q_2 l_2^2$	$-0,0378$	$-0,0390$	$+0,0109$
	$M_{cb}-M_{cd}$	$+0,117$	$-0,654$	$-0,096$	$q_3 l_3^2$	$+0,0123$	$-0,0687$	$-0,0504$
	$M_{dc}-M_{de}$	$-0,030$	$+0,170$	$-0,491$	$q_4 l_4^2$	$-0,0037$	$+0,0213$	$-0,0613$
		M_{ba}	M_{cb}	M_{dc}	$q_1 l_1^2$	$-0,0830$	$+0,0151$	$-0,0041$
$1,8:1:2:1,8$	$M_{ba}-M_{bc}$	$-0,336$	$-0,121$	$+0,033$	$q_2 l_2^2$	$-0,0378$	$-0,0387$	$+0,0105$
	$M_{cb}-M_{cd}$	$+0,117$	$-0,656$	$-0,092$	$q_3 l_3^2$	$+0,0125$	$-0,0696$	$-0,0477$
	$M_{dc}-M_{de}$	$-0,032$	$+0,179$	$-0,520$	$q_4 l_4^2$	$-0,0040$	$+0,0224$	-0.0650
		M_{ba}	M_{cb}	M_{dc}	$q_1 l_1^2$	$-0,0830$	$+0.0151$	$-0,0038$
$1,8:1:2:2$	$M_{ba}-M_{bc}$	$-0,336$	$-0,121$	$+0,030$	$q_2 l_2^2$	$-0,0378$	$-0,0386$	$+0,0097$
	$M_{cb}-M_{cd}$	$+0,118$	$-0,658$	$-0,086$	$q_3 l_3^2$	$+0,0126$	$-0,0705$	$-0,0449$
	$M_{dc}-M_{de}$	$-0,034$	$+0,188$	$-0,547$	$q_4 l_4^2$	$-0,0042$	$+0,0235$	$-0,0684$

Tafel 80

$l'_1:l'_2:l'_3:l'_4$		Beliebige Belastung				Gleichmäßig verteilte Belastung		
		M_b	M_c	M_d		M_b	M_c	M_d
		M_{ba}	M_{cb}	M_{dc}	$q_1 l_1^2$	$-0{,}0860$	$+0{,}0161$	$-0{,}0051$
$2:1:2:1,2$	$M_{ba}-M_{bc}$	$-0{,}312$	$-0{,}129$	$+0{,}041$	$q_2 l_2^2$	$-0{,}0350$	$-0{,}0401$	$+0{,}0126$
	$M_{cb}-M_{cd}$	$+0{,}108$	$-0{,}647$	$-0{,}110$	$q_3 l_3^2$	$+0{,}0110$	$-0{,}0659$	$-0{,}0575$
	$M_{dc}-M_{de}$	$-0{,}024$	$+0{,}144$	$-0{,}420$	$q_4 l_4^2$	$-0{,}0030$	$+0{,}0180$	$-0{,}0525$
		M_{ba}	M_{cb}	M_{dc}	$q_1 l_1^2$	$-0{,}0860$	$+0{,}0161$	$-0{,}0048$
$2:1:2:1,4$	$M_{ba}-M_{bc}$	$-0{,}312$	$-0{,}129$	$+0{,}038$	$q_2 l_2^2$	$-0{,}0350$	$-0{,}0399$	$+0{,}0118$
	$M_{cb}-M_{cd}$	$+0{,}108$	$-0{,}649$	$-0{,}103$	$q_3 l_3^2$	$+0{,}0112$	$-0{,}0672$	$-0{,}0537$
	$M_{dc}-M_{de}$	$-0{.}026$	$+0{,}157$	$-0{,}458$	$q_4 l_4^2$	$-0{,}0032$	$+0{,}0196$	$-0{,}0572$
		M_{ba}	M_{cb}	M_{dc}	$q_1 l_1^2$	$-0{,}0860$	$+0{,}0160$	$-0{,}0045$
$2:1:2:1,6$	$M_{ba}-M_{bc}$	$-0{,}312$	$-0{,}128$	$+0{,}036$	$q_2 l_2^2$	$-0{,}0351$	$-0{,}0397$	$+0{,}0111$
	$M_{cb}-M_{cd}$	$+0{,}109$	$-0{,}651$	$-0{,}097$	$q_3 l_3^2$	$+0{,}0114$	$-0{,}0683$	$-0{,}0505$
	$M_{dc}-M_{de}$	$-0{,}028$	$+0{,}168$	$-0{,}491$	$q_4 l_4^2$	$-0{.}0035$	$+0{,}0210$	$-0{,}0614$
		M_{ba}	M_{cb}	M_{dc}	$q_1 l_1^2$	$-0{,}0859$	$+0{,}0159$	$-0{,}0042$
$2:1:2:1,8$	$M_{ba}-M_{bc}$	$-0{,}313$	$-0{,}127$	$+0{,}034$	$q_2 l_2^2$	$-0{,}0352$	$-0{,}0394$	$+0{,}0105$
	$M_{cb}-M_{cd}$	$+0{,}109$	$-0{,}654$	$-0{,}092$	$q_3 l_3^2$	$+0{,}0116$	$-0{,}0693$	$-0{,}0476$
	$M_{dc}-M_{de}$	$-0{,}030$	$+0{,}178$	$-0{,}520$	$q_4 l_4^2$	$-0{,}0037$	$+0{,}0222$	$-0{,}0650$
		M_{ba}	M_{cb}	M_{dc}	$q_1 l_1^2$	$-0{,}0859$	$+0{,}0159$	$-0{,}0040$
$2:1:2:2$	$M_{ba}-M_{bc}$	$-0{,}313$	$-0{,}127$	$+0{,}032$	$q_2 l_2^2$	$-0{,}0353$	$-0{,}0392$	$+0{,}0099$
	$M_{cb}-M_{cd}$	$+0{,}110$	$-0{,}656$	$-0{,}086$	$q_3 l_3^2$	$+0{,}0119$	$-0{,}0702$	$-0{,}0449$
	$M_{dc}-M_{dc}$	$-0{,}032$	$+0{,}186$	$-0{,}547$	$q_4 l_4^2$	$-0{,}0040$	$+0{,}0232$	$-0{,}0684$